定 位 经 典 丛 书

21世纪的定位
定位之父重新定义「定位」

POSITIONING IN THE 21ST CENTURY

WHAT WORKED IN THE
20TH CENTURY WON'T
NECESSARILY WORK
IN THE 21ST CENTURY

[美] 艾·里斯 劳拉·里斯 [中] 张云 著 寿雯 译
　　　Al Ries　　Laura Ries　　Simon Zhang

机械工业出版社
China Machine Press

图书在版编目（CIP）数据

21世纪的定位：定位之父重新定义"定位"/（美）艾·里斯（Al Ries），（美）劳拉·里斯（Laura Ries），张云著；寿雯译 . —北京：机械工业出版社，2019.5（2019.6重印）
（定位经典丛书）

书名原文：Positioning in the 21st Century: What Worked in the 20th Century Won't Necessarily Work in the 21st Century

ISBN 978-7-111-62451-6

I. 2… II. ①艾… ②劳… ③张… ④寿… III. 品牌营销 IV. F713.3

中国版本图书馆CIP数据核字（2019）第062000号

本书版权登记号：图字 01-2019-1408

Al Ries, Laura Ries, Simon Zhang. Positioning in the 21st Century: What Worked in the 20th Century Won't Necessarily Work in the 21st Century

Copyright © 2018 by Al Ries, Laura Ries, Simon Zhang.

Simplified Chinese copyright © 2019 by China Machine Press. Simplified Chinese rights arranged with Al Ries, Laura Ries, Simon Zhang through RIES. This edition is authorized for sale in the People's Republic of China only, excluding Hong Kong, Macao SAR and Taiwan.

No part of this book may be reproduced or transmitted in any form or by any means, electronic or mechanical, including photocopying, recording or any information storage and retrieval system, without permission, in writing, from the publisher.

All rights reserved.

本书简体中文版由艾·里斯、劳拉·里斯、张云通过里斯企业管理咨询有限公司授权机械工业出版社在中华人民共和国境内（不包括香港、澳门特别行政区及台湾地区）独家出版发行。未经出版者书面许可，不得以任何方式抄袭、复制或节录本书的任何部分。

21世纪的定位：定位之父重新定义"定位"

出版发行：机械工业出版社（北京市西城区百万庄大街22号 邮政编码：100037）	
责任编辑：朱 妍	责任校对：李秋荣
印 刷：北京诚信伟业印刷有限公司	版 次：2019年6月第1版第2次印刷
开 本：165mm×205mm 1/20	印 张：14 4/10
书 号：ISBN 978-7-111-62451-6	定 价：99.00元

凡购本书，如有缺页、倒页、脱页，由本社发行部调换
客服热线：（010）68995261 88361066　　投稿热线：（010）88379007
购书热线：（010）68326294　　　　　　　　读者信箱：hzjg@hzbook.com

版权所有 · 侵权必究
封底无防伪标均为盗版
本书法律顾问：北京大成律师事务所 韩光／邹晓东

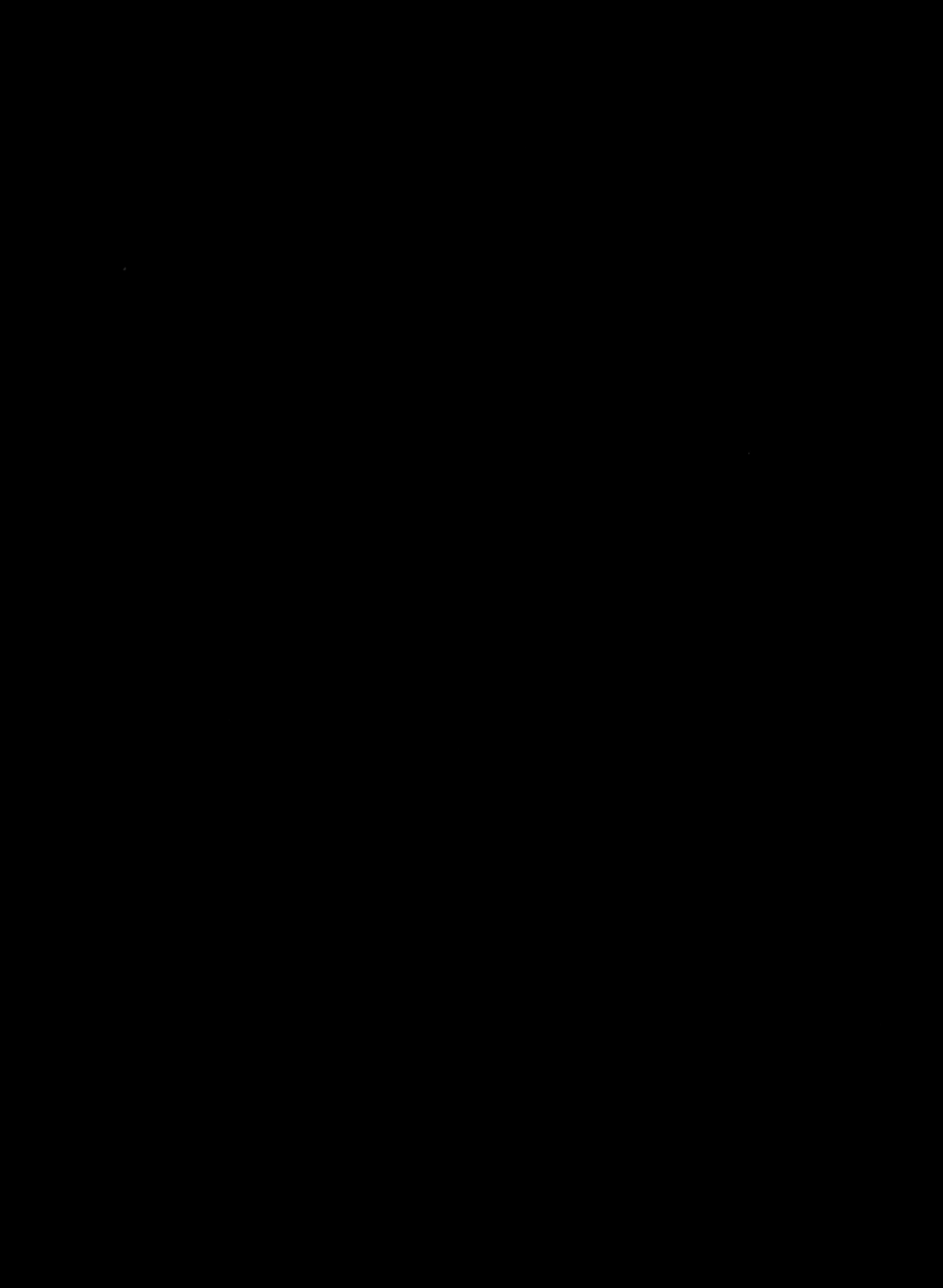

目 录

Positioning in the 21st Century

前　言
自　序

第 1 章 · 全球化　/ 2

20 世纪是企业民族主义的时代，21 世纪是公司业务在逐渐全球化的过程中迈向全球主义的时代。每一个成功的民族品牌都应该探索成为全球品牌的可能性。

第 2 章 · 城市化　/ 22

城市化创造了许多建立新品牌的机会。城市越大，你就越有可能找到专注于细分领域的品牌。当你将城市化和全球化的影响结合在一起时，你会注意到专业化和专注于细分领域品牌的强烈趋势。

第 3 章 · 超级技术　/ 29

在 21 世纪的"超级技术"时代中，获胜的产品和服务不一定是"更好"的产品和服务，但它们肯定会有更好的定位战略。

第 4 章 · 互联网 / 52

随着智能手机和平板电脑等移动设备持续取代个人电脑，还会有很多其他建立新移动互联品牌的机会。然而，要让这一战略成功，你需要一个新品牌和专门为手机使用设计的新网站。

第 5 章 · 品类 / 70

由于分化，未来将会产生更多成功的品牌。但这些品牌都不会成为主导品牌，除非它们代表一个品类。品类比品牌更重要。

第 6 章 · 品牌名 / 88

科技的高速发展（我们称之为"超级技术"）已经创造了很多产品和服务的新品类。每个新品类都需要一个新的品牌名，而不是既有品牌名的延伸。

第 7 章 · 竞争对手 / 106

传统营销是"顾客导向"的，但定位理论却不是如此，定位理论是"竞争导向"的。如果你的营销计划与你的竞争对手所做的类似，你是不可能赢的。这只会造成混乱。要想赢，你需要和你的竞争对手有所不同。

第 8 章 · 二元性　/ 121

你在心智中胜出了。但心智的空间并不足以容纳数千个竞争同一定位的品牌。这就是为什么几乎每个品类最终都会由两个品牌主导，一个领导品牌和一个强势的第二品牌。

第 9 章 · 视觉锤　/ 137

企业通常会面临要在两个品牌名之间做选择。我们的建议是选择第二个品牌名，就是那个可以关联视觉的名字。正所谓：一图胜千言。

第 10 章 · 难忘的口号　/ 151

在你启动一个定位计划时，你要问问自己，我可以通过什么方法让我们的定位更容易被人记住？然后看看在这几个增强记忆度的技巧中，你能够用哪一个让你的定位变成心智中难忘的口号。

第 11 章 · 公关　/ 167

《定位：争夺用户心智的战争》一书的主要内容是基于广告的作用，这在 20 世纪是进入潜在顾客心智的最佳方法。而在 21 世纪，进入潜在顾客心智的最佳方法是公关，不是广告。

第 12 章 · 多品牌   / 184

品类会收缩变小，而不是变得越来越大。当你扩张品牌时，你就违背了品类的趋势。因此，在你进行品牌延伸之前，先问自己一个简单的问题：如果未来属于多品牌公司，情况会怎样？

第 13 章 · 20 世纪的定位原则   / 199

我们在 20 世纪制定的 7 项重要定位原则至今仍然有效。但如果你回顾一下 21 世纪公司的营销计划，你会发现许多公司并没有遵循这些原则。

第 14 章 · 21 世纪的定位原则   / 207

世纪之交以来，全球发生了很多变化，包括全球化、城市化、超级技术和互联网的兴起。为了应对这些以及市场上的其他变化，我们概括了 7 条新的定位原则。

附录   / 213

| 前 言 |
Positioning in the 21st Century

艾·里斯

50年前,我在纽约经营一家名为"Ries Cappiello Colwell"的小型广告公司。

那时,美国的广告业被三个人的思想主宰:罗瑟·瑞夫斯(Rosser Reeves)、大卫·奥格威(David Ogilvy)和比尔·伯恩巴克(Bill Bernbach)。

| 瑞夫斯 | 奥格威 | 伯恩巴克 |

罗瑟·瑞夫斯是"独特的销售主张"(unique selling proposition)的先驱,他将这个概念称为U.S.P.。

他写道，每一个广告都必须向消费者提出一个主张：购买该产品可以获得某个特定的利益。

他在一本名为《广告的现实》（*Reality in Advertising*）的书中概述了他的想法。

大卫·奥格威是"品牌形象论"（the image of the brand）的先驱。

他写道，每一个广告都是对品牌形象的长期投资。

他在他的《奥格威谈广告》（*Ogilvy on Advertising*）一书中概述了他的想法。

比尔·伯恩巴克是"创意"（creativity）概念的先驱。他写道，通过适当地练习，创意可以让一个广告的效力放大 10 倍。

50 年前，广告的手法分为 3 种：①产品；②产品的广告形象；③产品广告的创意。一切都基于产品本身。

50 年前，我们的小广告公司不得不与数百家比我们更大、更有名的机构竞争。

我注意到，大多数广告都被顾客和潜在顾客忽视了，只有少数广告带来了销量的提升。那些奏效的广告和不奏效的广告之间有什么区别？

在研究了那些奏效的广告后，我发现它们都包含了一个重要的概念，而且这一概念能立刻被潜在的顾客接受。我把这个概念叫作"Rock"，本意为岩石，这里指毋庸置疑的、客观的、可信度高的出击点，即定位理论的雏形。

在与客户合作的过程中，我建议这些客户的每一个广告都要有一个"Rock"，以便给潜在的顾客留下持久的印象。

永耐驰（UniRoyal）就是这些客户中的一个典型例子，这家公司与固特异（Goodyear）和古德里奇（Goodrich）等其他更大、更知名的橡胶公司竞争。这些公司都有数百种产品。

为了证明永耐驰在技术上的领先地位，我们使用其作为橡胶公司所拥有的专利数量作为永耐驰的"Rock"。

永耐驰比其他橡胶公司拥有更多专利

以"专利"为口号，我们创造了许多广告，其中包括一些宣传永耐驰的超强塑料的广告。

在塑料产品的广告中，我们雇了一位赛车手，让他驾驶一辆塑料车身的汽车穿过一堵砖墙。

"Rock"这一概念帮助我们创造了许多有效的广告。

但如果要建立一家大型广告公司，我们就需要找到一种方法，将我们自己的想法与罗瑟·瑞夫斯、大卫·奥格威和比尔·伯恩巴克的想法区别开来。

这三个人的想法都是建立在产品和广告的基础上的，我们如何才能跟他们不一样呢？

若我们专注于广告的受众，即潜在顾客的心智，可以与他们不一样吗？在我们看来，这可以**成为一个通过强调"心智"从而与其他强调"产品"的概念产生区别的案例。**⊖

心智 VS. 产品

⊖ 从这个角度来看，我们可以看出强调心智与强调产品的概念有什么不同。——译者注

所有的专家都专注于他们宣传的产品,而我们关注的则是潜在顾客的心智。

当然,广告是市场营销的一个重要层面。市场营销有一个明确的目标,那就是在各个市场上获胜:超市、药店、服装店……

有时,显而易见的事是最容易被忽略的。我们发现,胜利不是存在于市场的终端的,而是存在于潜在顾客的心智中的。这一观察结果让我们对广告有了一种完全不同的想法。

胜利不是存在于市场的终端的

与其以产品为基础来创造一个广告创意,为什么不把这个创意建立在潜在顾客的心智上呢?"Rock"就是那个你可以尝试植入潜在顾客心智的想法。

但心智中并没有"岩石",所以我们把这个词(Rock)改成了"定位"(Position)。

在心智中你能找到什么?你会发现品类和品牌。在某些品类中,消费者会有自己青睐的品牌;在其他品类中,他们还没有自己喜欢的品牌。

我们把心智中的品类看作一种"定位",一些位置已经被一些品牌名占据,而另一些位置还是"空缺"的。

哪家橡胶公司拥有最多的专利?这是潜在顾客心智中的一个"空缺"的位置,我们可以用广告在这个位置填上永耐驰的名字。

不过,填补一个已经被另一个品牌占据的位置,就会困难得多。定位的一个重要规则是在心智中寻找一个空缺的位置,然后成为第一个占据这个空缺位置的品牌。

"定位"是一个可以帮助我们的公司出名的理论。但是,我们当时还是一家小公司,承担不起高昂的广告费来打造品牌,因此我们唯一的机会就是公关。

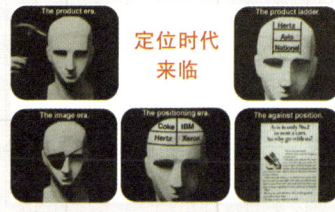

定位时代来临

1972年,在一份小型的行业杂志上发表文章后,我们受到了美国领先营销出版刊物——《广告时代》(*Advertising Age*)的邀请,在这本杂志上发表了一系列文章,共3篇,系列标题为"定位时代来临"。我们把《广告时代》上刊发的系列文章重印成小册子,并把它们送给了那些邀请我们演讲的人。

在接下来的20年里,我们发行了15万册这本小册子。这赋予了我们在很长一段时间内专注于单一理论的力量。这样的专注一坚持就是几十年,而不是几年。

在《广告时代》的文章发表8个月后,美国最大的商业报纸《华尔街日报》(*The Wall Street Journal*)在头版刊登了一篇关于定位的文章。

这篇文章并没有得到一致的正面反馈。据《华尔街日报》报道,一位广告专家说:"这是一个用了新名称的旧概念。"

9年后的1981年,我和我的搭档杰克·特劳特(Jack Trout)写了一本书,书名是《定位:争夺用户心智的战争》⊖(*Positioning: The Battle for Your*

⊖ 本书已由机械工业出版社出版。

Mind）。自那以后，这本书在全球22个国家售出了300多万册，其中在中国售出了40万册。

2001年，麦格劳-希尔公司出版了我们这本书的20周年纪念版。

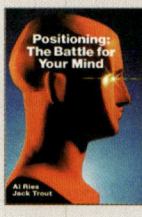

2008年，领先的商业杂志《财富》(Fortune)将《定位：争夺用户心智的战争》这本书评为"最佳商业经典"。

2009年，在《广告时代》针对全美营销经理人的一次评选活动中，《定位：争夺用户心智的战争》获得了最高票，读者认为这是他们读过的最好的营销书，排名第二的书是《奥格威谈广告》。

排名第三的书，则是我的女儿，劳拉·里斯与我合著的《品牌22律》⊖（The 22 Immutable Laws of Branding）。

世界上的许多成功品牌都是通过"率先占据心智中的一个空缺位置"建立起来的。

一个典型的例子是麦当劳，美国第一家汉堡连锁店。今天，麦当劳是世界领先的连锁餐厅品牌。

为什么"率先进入心智"这一定位如此强大？因为如果你的品牌是第一，那么它也是品类中的领导者。

> 更好的品牌才能在市场上胜出

在大多数消费者的心智中都有一种强烈的固有认知，他们认为更好的品牌才能在市场上胜出。

⊖ 本书已由机械工业出版社出版。

"率先"会让你的品牌至少在短期内成为领先品牌。

当竞争品牌进入市场时,消费者会认为,它们不可能做得更好,因为它们不是领导者。

这就是为什么领导地位是你能拥有的最强大的定位。

然而今天许多品牌都未能把握住这一基本定位战略的优势。这是为什么呢?因为许多管理层不认同这个理念。

"率先"进入市场就是许多管理层所说的"先发优势",而且几乎所有人都认为"先发优势"根本不是一种优势。

他们甚至认为这是一种劣势,因为它给了潜在竞争对手一个可以攻击的目标。然而,他们混淆了一个概念,他们所说的"先发优势"是"率先"进入市场,而不是"率先"进入心智。

创建一个新品类

"率先"进入市场,如果你不把你的品牌植入潜在顾客的心智中,"先发优势"就不一定是一种优势。

第一台微型电脑

然而,我们的许多客户并不想率先进入一个行业。在最初的几年里,我们要花几个小时说服客户创建一个他们可以率先进入的新品类。

举个例子,我们的广告公司与DEC公司合作,该公司是"微型电脑"的先驱,该产品是大型电脑的微型版本。

这是一个通过率先进入新品类获得成功的典型案例。

在其鼎盛时期,该公司在全球范围内的员工人数超过 12 万人,营业收入达到 140 亿美元。

当时,个人电脑被认为是"家用"电脑,这一市场由苹果公司主导。

我们了解到 DEC 公司已经研发出了拥有更强大功能的电脑——16 位个人电脑,并计划将它作为"办公用"电脑推上市场,而不是"家用"电脑(家用电脑是 8 位)。我们还听说 IBM 计划在未来的某个时候推出一款 16 位电脑。因此,我们强烈建议客户"率先"推出办公用个人电脑。

我至今仍然可以回忆起这样的场景:该公司的首席执行官肯·奥尔森(Ken Olsen)在 DEC 公司的会议室里走来走去,他举起双手,仿佛董事们正拿着手枪对着他。他说:"我不想成为第一个(吃螃蟹的人)。如果 IBM 抢占了先机,我就推出更多的规格打败 IBM。"

IBM 确实抢占了先机。1981 年 8 月,IBM 推出了"5150",第一台 16 位办公用个人电脑。

第一台 16 位办公用个人电脑

11 个月后,DEC 公司推出了不是一款,而是三款商用个人电脑。这三款电脑都没有在市场上取得很大成功。

这是 DEC 公司缓慢衰落的开始。1998 年,该公司被康柏电脑公司收购。2002 年,康柏电脑公司被惠普收购。

DEC 公司的衰落给我上了重要的一课:一个战略上的大失误足以毁掉一家公司。

此外,IBM 个人电脑获得了巨大的成功。到 1984 年,它占有个人电脑市场63%的份额。不过，那也是它的巅峰时期。在随后的几年里，IBM的市场份额急剧下降。

在23年的时间里，IBM的个人电脑业务亏损了150亿美元，并于2005年以17.5亿美元的价格被联想公司收购。

IBM犯了一个典型的定位错误，我们称之为"产品线延伸"。它试图将其电脑主品牌转移到另一个品类——个人电脑上。

这是行不通的，但许多著名的公司都没有吸取教训。

柯达试图将其胶片摄影品牌的产品线转移到数码摄影领域，最终走向破产。每一家主流的汽车制造商也都在犯同样的错误，将传统燃油汽车品牌的产品线延伸到电动汽车领域，这是行不通的。

特斯拉是美国电动汽车市场上唯一的新品牌，在电动汽车领域以75%的市场份额占据主导地位。

电动汽车占据了汽车行业最主要的投资方向，创建一个新品类的方法并没有那么昂贵。

一种方法是抓住价格。

每一个品类都有两个潜在的新品类：一个高端，一个低端。

在汽车领域，梅赛德斯-奔驰已经成为高端市场的主导品牌，而现代成为低端市场的主导品牌。

在美国的食品零售品类中,全食超市(Whole Foods)已经成为高端市场的主导品牌,而沃尔玛(Walmart)则是低端市场的主导品牌。

许多品牌都违反了这一基本原则。它们提供的价格涵盖各个阶段的产品。以汽车为例,雪佛兰在美国出售的汽车,价格从 12 685 美元到 51 670 美元不等。

这也是雪佛兰失去美国汽车市场领先地位的原因之一:一个品牌不能占据一个以上的位置。

以下是最重要的定位原则。

(1)营销不是在市场上胜出,而是在顾客的心智中获胜。

(2)在顾客的心智中寻找一个空缺的位置,并率先推出一个新品牌来占据这个空缺的位置,而不是通过延伸既有品牌的产品线。

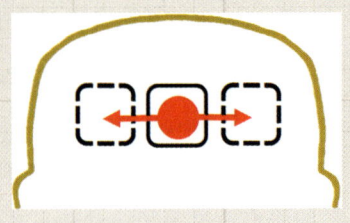

(3)也可以创建一个由一个新品牌来主导的新品类,例如,能量饮料中的红牛、智能手机里的 iPhone、电动汽车中的特斯拉。

(4)永远不要把既有品牌延伸到一个新的品类中。这是许多品牌都曾犯过的错误,包括 IBM 在内。你需要一个新的品牌。

自我们第一次提出定位理论的概念以来,已经过去 50 年了。

在过去的 50 年里,市场营销发生了许多变化,世界也发生了许多变化。这些变化如何影响定位理论?

阅读接下来的内容并找出答案。

—自 序—

Positioning in the 21st Century

21世纪中国企业的定位机会

定位因何历久弥新

回溯商业史，鲜有理论像"定位"一般对全球企业的营销、品牌和战略产生过如此深远而持久的影响：从时间上，自20世纪60年代萌芽至今的半个世纪以来，"定位"理论先后被评为"有史以来对美国营销影响最大的观念""史上最佳商业经典"，影响数代企业家，至今影响力不减反增，被越来越多的互联网从业人士及硅谷精英推崇。从空间上，定位理论发源于美国，传播至欧洲、亚洲、中东、非洲……跨越了区域、文化、政治体制的差异，体现出了强大的普适性和解释力。

了解定位理论诞生的历史背景，有助于我们理解这一理论的本质及其力量所在。20世纪四五十年代，报纸和电视相继成为大众媒体，信息急剧爆炸，人类开始迈入信息时代。艾·里斯先生在商业实践中洞察到：在信息时代，一方面信息爆炸、产品数量急剧膨胀，另一方面顾客心智空间又极其有限，这二者之间不断加剧的矛盾使得如何进入心智成为企业在商业竞争中最大的挑战，"定位"正是在此背景下诞生的。

定位理论在商业史上的重要贡献之一就在于发现并定义了商业竞争的终极战场是潜在顾客的心智（大脑）。亚马逊的创始人贝佐斯曾说：很多人问我一个问题，10年以后变化的会是什么？但极少有人问我另一个问题，10年以后不变的是什么？我认为第二个问题更重要。贝佐斯的言外之意是企业的战略应该聚焦在不变的东西上，而不是聚焦在那些不断变化的东西上，因为变化的东西具有极大的不确定性。这恰恰是定位理论得以跨越时间、空间的背后的原因：定位理论建立在人类的心智之上，世界在变，战场不变，心智不变。

需要厘清的是："心智"和"消费心理"是截然不同的概念。心智模式是大脑运转的方式，即如何收集、归类、过滤、存储信息。这个规律是人类经由数百万年的时间积淀而形成的，不会在数十年的时间发生巨大的变化。而"消费心理"则微观而充满变化，不同年龄和地域的人的消费心理大相径庭。

早在20世纪60年代，里斯先生就指出，商业竞争中不存在所谓的事实，认知就是事实。企业要赢得竞争，首先要了解潜在顾客的心智规律，抢占顾客心智。从某种意义上，"定位"开启了人类商业史上一个全新的时代——认知时代。在过去的半个世纪，越来越多的心理学研究成果证明定位所揭示的"认知世界"不仅存在，而且在商业竞争中至关重要。例如，著名心理学家丹尼尔·卡尼曼研究发现人类的大脑有50多种认知偏差，也就是认知与事实不同的地方，人类依靠这些认知偏差进行思考和决策，商业要取得成功必须利用这些认知偏差。卡尼曼所指的认知偏差正是对应了部分定位的心智模式，他本人也因此获得了诺贝尔经济学奖。

时至今日，信息仍在裂变膨胀，产品数量、媒体数量、信息数量都在呈现几何级裂变，人类社会仍处于信息革命时代而远不见尽头，如何让产品和品牌从海量信息之中脱颖而出，占据潜在顾客极其有限的心智，越来越成为企业面临的普遍挑战，这成为"定位"长期大行其道的根源。

此外，半个多世纪以来，定位理论在实践中生生不息地进化，其解释能力及指导力空前提升。从最初的 Rock 到 Positioning，再到商战的四种模型，最后到聚焦。2004 年出版的《品牌的起源》首次定义了商业界的物种，商业竞争的关键力量——品类。"视觉锤"则将读图时代视觉的价值提升到了战略高度。

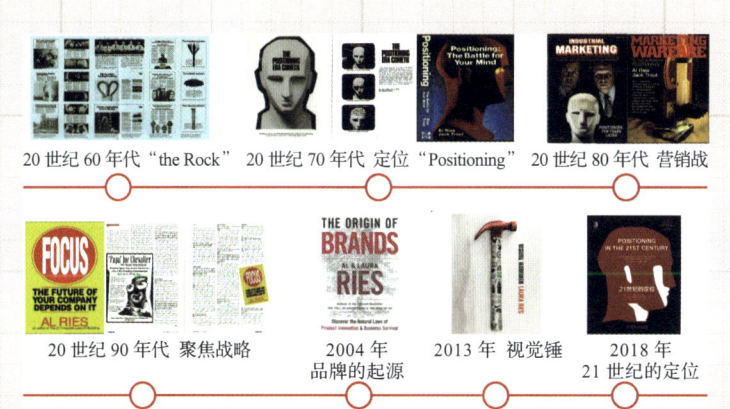

20 世纪 60 年代 "the Rock"　20 世纪 70 年代 定位 "Positioning"　20 世纪 80 年代 营销战

20 世纪 90 年代 聚焦战略　2004 年 品牌的起源　2013 年 视觉锤　2018 年 21 世纪的定位

21 世纪，定位面临哪些变化

进入 21 世纪，人类面临全新的机遇与挑战，超级技术和全球化成为影响全球商业的两大力量。那么超级技术和全球化是否颠覆了定位理论的根基和前提？如果没有，它们又将推动定位法则做出哪些调整和变化？

超级技术催生了超级信息时代。以中国为例，30 年前人们只能收到极其有限的电视频道信号，今天中国有超过 8 亿部智能手机，理论上每部手机都属一个媒体，每个媒体都可以发声，每天都在产出信息，而你能看到的信息只是它们当中微乎其微的一小部分。超级技术也催生了超级新品，每天都有成千上万的新产品上市，但真正进入心智的寥寥无几。

如果说 20 世纪我们逐渐感受到了在信息爆炸未进入心智时，其所带来的挑战，那么，进入 21 世纪，在无限的媒体、无限的信息、无限的产品里如何让你的品牌和产品凸显出来，并进入心智，将成为企业和品牌真正的挑战。

全球化对企业和品牌的聚焦程度提出了更高的要求。"小市场开杂货店，大市场开专卖店"，从全国到全球，简单复制中国市场的做法显然难以奏效，企业需要根据全球市场的规律进一步聚焦，同时需要发展适合全球市场的战略。

尽管定位基础并未改变，但超级技术和全球化这两大力量不仅加剧了竞争，而且也重塑了商业生态和环境。随之带来的影响是 20 世纪可行的部分定位法则已不再有效，有的甚至成为陷阱。21 世纪需要根据全新的定位法则对市场进行判断，以下是其中七条：

1. 全球，而非国内

20 世纪属于全国品牌，21 世纪属于全球品牌。

2. 互联网是一个全新的品类

20 世纪互联网是一个媒体或渠道，21 世纪互联网本身是新品类。移动互联是另一个新品类，新品类需要新品牌。

3. 品类主导品牌

20 世纪品牌最重要，21 世纪品类最重要。

4. 视觉锤

20 世纪是文字时代，21 世纪是读图时代，视觉比文字更容易进入心智。

5. 难忘的口号

20 世纪用文字将定位植入心智，21 世纪用声音将定位植入心智。

6. 公关而非广告

20 世纪以广告建立品牌，21 世纪以公关建立品牌。

7. 多品牌

20 世纪属于单一品牌，21 世纪属于多品牌。

中国企业有何定位机会

1. 开创超级品类

建立强大品牌的终极方法是什么？是开创并主导一个品类。如果说"做同质化的产品，依靠差异化的传播概念和更大的投入"的做法在 20 世纪那个媒体等商业资源高度集中的年代尚可奏效；那么，进入 21 世纪，除非企业进行品类创新，从而实现德鲁克先生所说的企业两大基本职能"实现营销和创新的完美统一"，否则，企业很难继续在 21 世纪独占鳌头。

21 世纪，人类正迎来有史以来最大的一场科技革命，互联网、人工智能、云计算、大数据、无人驾驶等超级技术的诞生速度远超以往任何时代。从商业的角度看，互联网、移动互联、电动汽车、无人驾驶汽车都属于全新品类。同时，互联网进一步分化出了无数基于互联网的新品类，移动互联同样如此。超级技术为我们带来了人类历史上最多开创新品类、打造新品牌的机会。

值得注意的是，并非每个掌握领先技术的先行者都能把握成为品类主导的机会。从商业史上看，相当比例的技术领先者最终并未成为品类之王，其中的关键原因，在于企业未能根据心智规律率先制定品类战略——清晰地定义品类或者使用全新的品牌，最终赢得了技术之战，输掉了心智之战。例如，正如本书中指出的，作为全球领先的互联网公司，谷歌在"云存储"之战中输给了创业公司Dropbox。再例如，尽管宝马等传统能源汽车巨头在电动车技术上投入巨大，但由于它们都在电动车上使用了原有品牌，因此使得特斯拉这样的新品牌在电动车品类的心智之战中占据优势，成为品类之王。

很多时候你不必拥有超级技术，从品类的视角仍可以看到创新品类的巨大机会。从心智的角度看，一个品类的领先者，到了另一个品类，其影响力将大幅削弱。以中国市场的新闻媒体为例，在传统媒体里，影响最大的是CCTV；到了互联网上，影响最大的则是新浪；到了移动互联网，影响最大的是今日头条。这蕴含着一个被企业家忽视的重要规则：在不同的品类里会诞生一个全新的品牌。这意味着在移动互联时代，几乎在每个领域，企业家和创业家们都将面临颠覆PC互联时代巨头们的机会。随着今日头条、抖音、拼多多等移动互联品牌的崛起，这条看不见的规律正被不断验证。

21世纪的定位法则将给中国企业家带来两重机会：率先发现超级技术、品类分化带来的品类创新机会，以及把握技术领先者的失误，率先定义品类、进入顾客心智打造品类之王的机会。

2. 布局多品牌

20世纪属于单一品牌企业，以日本电子产业为例，索尼、松下、日立几乎所有的企业都是单一品牌企业，受此影响，中国家电企业也一度几乎都是单一品牌企业。不仅家电，在众多行业里，中国企业仍以单一品牌模式为主。进入21世纪，超级技术尤其是互联网的发展，大大缩短了打造新品牌的周期。此外，竞争的加剧又对品牌的专业化提出更高的要求。事实上，日本电子企业的集体衰落，已经一定程度上说明了单一品牌企业在21世纪的困境。

在21世纪，相当一部分中国企业面临的战略问题以及战略机会在于如何布局第二、第三品牌。以家电行业为例，长虹、TCL、创维、海信等传统巨头们的衰落的一个重要原因在于原有的品牌对于年轻人来说，在认知上已经显得老化和过时。它们需要一个互联网时代的新品牌。空调领域的品类之王格力面临的最大战略问题同样是推出第二品牌，某种意义上，无论格力手机的产品如何，它在心智中永远是一个业余选手，在竞争如此惨烈的手机市场，业余选手显然无法赢得竞争，格力需要第二品牌。

大约10年前，我们曾应邀到海尔集团探讨如何为海尔电脑定位。当时我们指出，海尔电脑首要的问题是品牌，我们无法让一个叫海尔的电脑品牌成为品类之王，这几乎与产品无关，而与心智认知有关。遗憾的是，当时海尔无法下定决心在电脑上启用一个全新品牌。值得高兴的是，海尔后来推出了全新高端品牌卡萨帝。今天卡萨帝成了海尔新的增长动力。在笔记本电脑品类中，海尔最终也启用了一个新的品牌叫"雷神"，雷神在京东平台的销售明显好于原来的海尔品牌，这是一个正确决策，但晚了很多年。

华为曾经和我们探讨如何将华为打造成高端品牌。我们的看法是，将华为品牌从顾客心智的中端位置移动到高端的位置，既无必要，也做不到。和爱马仕这样奢侈品牌的合作也不会从根本上改变消费者对华为的认知，最佳的做法是结合技术的创新，同时启用一个全新的品牌。事实上，华为最新发布的可折叠手机是一个建立全新高端品牌的绝佳机会。

在中国互联网巨头BAT[①]中,阿里巴巴的多品牌布局最为完整,每个品类都有一个全新品牌,最终成为品类专家和品类之王,所以阿里巴巴是中国的苹果公司。腾讯的多品牌布局逊于阿里,但过去10年中腾讯最重要、最正确的战略决策就是在移动社交软件领域用了一个新的品牌名"微信"。它没有叫移动QQ,这也是它启用的为数不多的新品牌,是最成功的新产品。在多品牌布局上,最糟糕的是百度,"百度"品牌覆盖各个品类,从杀毒到外卖,几乎无一成功。如果百度继续坚持这样的战略,雅虎的今天也许就是百度的明天。百度需要布局多品牌,才能避免重蹈雅虎的覆辙。

对于那些已经在中国市场取得领先地位的大企业来说,最重要的战略机会就是布局第二、第三品牌,在很多情况下,那往往是一个结合超级技术、互联网,针对年轻人的全新品牌。

3. 打造全球品牌

如果说打造全球品牌在20世纪还仅仅是一个选择,那么在21世纪则是企业必然的战略之路。一方面,经过三四十年的发展,越来越多的行业在国内市场进入了低增长甚至负增长阶段,例如汽车、手机、家电等行业,企业需要向全球市场寻求更广阔的市场空间。另一方面,相比全国性品牌,全球品牌处于更高的心智阶梯,具有认知上的优势,尤其是对于汽车、手机、运动装备等全球性品类而言,除非能够打造全球品牌,否则中国品牌将很难在中国市场上与外资品牌竞争。

[①] BAT意为中国互联网公司三巨头,即百度(Baidu)、阿里巴巴(Alibaba)和腾讯(Tencent)。

中国运动服品牌的集体衰落证明了除非李宁和安踏能在全球市场立足，否则很难在中国市场赢得与耐克和阿迪达斯的竞争。而那些全球化程度较高，初步建立起全球品牌认知的中国品牌在中国市场也通常有较高的地位，并在与外资品牌的竞争中处于领先地位，典型的例子就是手机和家电，正是华为的全球品牌认知提升和巩固了其在中国市场的地位。除了汽车、手机、互联网、家电等科技电子产品，中国的食品、饮料、餐饮、服装、化妆品等行业都存在打造全球品牌的巨大机会。

率先在全球市场成为中国品牌的代表，是21世纪中国企业面临的重大历史机遇。打造全球品牌有两种做法，一种是首先在国内做到第一，然后到国外传播"中国第一"的定位，这种策略对于中国具有心智资源的品类尤其有效，例如中餐、茶叶等。另外一种做法是，当你的品牌在国内市场地位较弱时，可以首先发力国外市场，在国外先入为主成为中国品牌的代表，然后再以全球品牌身份和全球领先的定位回到中国市场。

开创超级品类、布局多品牌、打造全球品牌是21世纪中国企业和企业家面临的最重要的三大定位机会。我们相信，掌握了21世纪定位法则，把握住21世纪定位机会的中国企业，将最终成为21世纪商业竞争的大赢家。中国将诞生出一批真正的世界级企业和品牌，中国的崛起及中华民族的伟大复兴将真正成为现实。

里斯全球合伙人　里斯中国公司总经理　张云
2019年3月　于上海

欢 迎 来 到

2 1 世 纪 的 定 位 世 界

开 启 新 的 原 则

在本土国家奏效的做法不一定会在全球市场上奏效，你的产品和服务需要变得更加专业。当我们在全球范围内自由开展贸易活动时，世界上的每一家公司都必须足够专业才能生存。

第 1 章 · 全球化

1981 年，美国品牌在美国汽车市场占据主导地位，占所有汽车销量的 75%。这一年，定位系列的作品出版。

仅仅 36 年之后，2017 年，美国品牌在美国市场的份额就仅剩 33%，甚至不再是领导者。

2017 年，日本品牌占据了美国汽车市场 39% 的份额，意大利品牌占 12%，德国品牌占 8%，韩国品牌占 7%，剩下 1% 的市场由印度和英国的品牌占据。

20 世纪是企业民族主义的时代，21 世纪是公司业务在逐渐全球化的过程中迈向全球主义的时代。

商业正处于全球化的进程中。即使是在今天，全球业务的规模也是巨大的。在 2017 年，500 家最大的跨国公司的收入达到 27.7 万亿美元（中国 2017 年的国内生产总值为 11.2 万亿美元）。

500 家最大的跨国公司在 2017 年的利润为 1.5 万亿美元。

右侧的图显示了跨国公司数量最多的前 10 个国家。美国位居榜首，中国紧随其后。

美国 ………… 132
中国 ………… 109
日本 ………… 51
法国 ………… 29
英国 ………… 21
韩国 ………… 15
瑞士 ………… 13
加拿大 ……… 11

在许多品类中，占主导地位的品牌都是全球化的品牌。例如会计、广告、银行、信用卡、汽车买卖、汽车租赁、电脑、电脑软件、时尚品、化妆品、快餐、饮料等。

在世界上大多数的高档餐厅里，酒水单上的品牌几乎都是一样的：杰克·丹尼威士忌（Jack Daniel's）、绝对伏特加（Absolut Vodka）、红牌伏特加（Stolichnaya）、添加利金酒（Tanqueray）、尊尼获加（Johnnie Walker）、珍宝威士忌（J&B）、皇家芝华士（Chivas Regal）、人头马（Remy Martin）、拿破仑之酒㊀（Courvoisier）。

在广告领域，五家大型控股公司（埃培智集团、日本电通、WPP、阳狮集团和宏盟集团）消耗的费用占

㊀ 因创始人与拿破仑熟悉而得名。——译者注

每年广告和市场营销费用总额 1.225 万亿美元的一半。

除了阳狮集团之外,其他公司使用的都是缺乏视觉图像的标志,这是我们将在第 9 章中讨论的一个重要概念。

在会计方面,<u>五大公司(普华永道、德勤、安永、毕马威和致同)在全球会计市场占据主导地位。</u>

除了全球化的品牌,我们还能想到很多全球化的名人:詹妮弗·洛佩兹、詹妮弗·劳伦斯、汤姆·克鲁斯、妮可·基德曼、梅丽尔·斯特里普、布拉德·皮特、汤姆·汉克斯、莱昂纳多·迪卡普里奥、娜塔莉·波特曼、查理兹·塞隆、乔治·克鲁尼、威尔·史密斯。

不只是电影明星,商界也培养出了许多全球化的名人:比尔·盖茨、埃隆·马斯克、史蒂夫·乔布斯、杰克·韦尔奇。

许多政治领袖也全球闻名,比如特朗普。

在图书市场,没有哪本书比名人作者编写的书更受欢迎了,几乎在每个国家都是如此。希拉里·克林顿的新书《艰难抉择》(*Hard Choices*)在中国发售的第一个月就卖出了 20 万册。

当然,大多数公司仍然是"全国性"公司,而不是"全球化"公司,但这种情况可能会改变。

相比于全国性的公司,经济将朝着对全球企业越来越有利的方向发展。

今天,大多数国家都有全国性的连锁店。在已建立的品类中建立全国性连锁店的机会每天都在减少。

在美国,有没有人会想再推出一个新的全国连锁超市,与五大连锁超市——克罗格(Kroger)、西夫韦(Safeway)、超价商店(SuperValu)、美国大众(Publix)和全食超市(Whole Foods)竞争?

那将是一场灾难。

然而,一些新型的连锁超市最近已经在美国市场登陆,包括来自德国的Aldi和Lidl。这两者都是全球连锁超市,Aldi目前在17个国家有业务活动,Lidl则是29个。

来自法国的连锁超市家乐福如今在33个国家设有分店,来自荷兰的Spar也在33个国家有业务活动,德国的麦德龙在29个国家运营业务。

一个全球性的连锁公司如何才能进入一个连本土公司都很难建立新连锁的国家?

进入方法就是规模经济,是企业因其经营规模而获得的成本优势。公司越大,效率就越高。

大多数公司仍然是"全国性"公司,对它们来

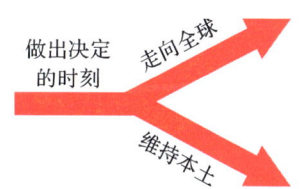

做出决定的时刻 走向全球 维持本土

说,现在是做出决定的时刻了:是继续做一个本土公司,还是要走向全球?

未来属于全球化的企业,如果仍然只做全国性的企业,将很可能会面临一个艰难的未来。

全球化企业的机遇是巨大的。即使是像中国这样的大国,其人口也只占全球人口的18%。一家走向全球的中国企业可能会增加5倍以上的收入。

任何一家企业走向全球时都将面临三个定位问题。第一个问题是产品线。

当一家企业决定走向全球时,它通常会选择现有的产品和服务,并试图在全球市场上销售它们。这几乎是行不通的。

定位最重要的原则之一是:市场越大,产品线就越要收窄。

全球市场与国内市场不同。当品牌开始全球化时,有三个原则要遵循。

(1)缩小焦点。这是走向全球的第一步,不能用现有的产品线试图在全球范围内销售,这是行不通的。

为什么这么说呢?我们用一个类比来解释。假设你住在一个百人小镇上,那么你可能会见到一家什么样的零售商店?

你可能会见到一家什么都卖的杂货店：食品、服装、汽油等。

现在假设你搬到了纽约这样的大城市，那里有800万人口，那么你又可能会见到什么样的零售商店？

你会见到许多高度专业化的零售商店，不仅仅会有服装店，还会分为男装店、女装店、儿童服装店和运动服装店。

我们再强调一遍，市场越大，专业化程度越高；市场越小，专业化程度越低，公司的泛化程度就越高。

在本土国家奏效的做法不一定会在全球市场上奏效，你的产品和服务需要变得更加专业。当我们在全球范围内自由开展贸易活动时，世界上的每一家公司都必须足够专业才能生存。

然而，大多数公司都朝着相反的方向发展，随着向全球市场的扩张，它们也拓宽了产品线。

20世纪90年代初，中化集团是中国最大的公司。但该公司当时的总裁认为，这个价值150亿美元的巨人还是太"小"了："我们必须在所有领域实现多样化，并迅速展开竞争。"

因此，他把中化集团变成了一家"日式"的跨国贸易公司、工业和金融巨头，中国媒体称之为"航空母舰"。

但这种做法并没有成功。

如今，有32家中国企业超过了中化集团。它们中的大多数都专注于某一项业务的发展，而不是所有业务。

此外，中化集团勉强达到盈亏平衡，2017年税后净收益率仅为1%。

放眼全球，许多日本大型综合企业也没有做得很好。

早在20世纪90年代初，美国的许多杂志和报纸都预测日本公司将赢得这一阶段的全球商战。

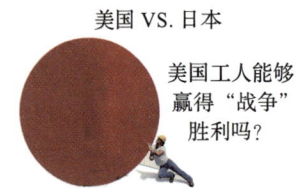

美国 VS. 日本

美国工人能够赢得"战争"胜利吗？

左图是当时美国主流报纸刊登的一幅很有代表性的插画。它象征着人们的普遍感觉，日本的"旭日东升"将会对美国工人造成巨大的压力。

在美国的出版物中有很多关于日本以及日本商业模式成功的文章。

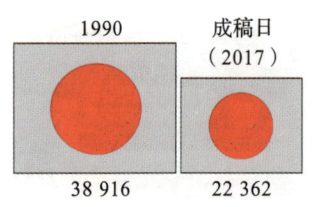

1990　　成稿日（2017）

38 916　　22 362

然而这一情况从未成为现实。左图是对1990年第一天和我们成稿之日的日经225指数的比较。

正如你所见，日本股市下跌了43%。

在过去的几十年里，日本经济遭受了重创。一个明显的迹象是，政府债务占国内生产总值的比重为250%，是全世界最高的。即便是希腊这个陷入严重财政困境的国家，其政府债务占国内生产总值的比重也只有180%。

较于日本，美国的情况是这样的。右侧是1990年第一天道琼斯工业平均指数与我们成稿之日的道琼斯工业平均指数的对比图，如你所见，美国股市上涨了836%。

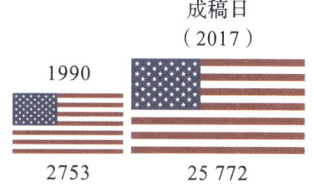

在美国，政府债务占国内生产总值的比重为104%，不像日本政府债务那么高，后者为250%。

几十年前，日本的电子工业企业主导着全球市场。但好景不长，以单一品牌涵盖各类产品的战略已经不再奏效了。这6家在当时带领日本主导全球电子工业市场的大型电子公司是：东芝、富士通、索尼、松下、日立、日本电气。

在过去的10年中，这6家公司的收入总和为4.1万亿美元。

然而，这6家公司总共亏损了148亿美元。

在这6家公司中，只有两家公司的利润略有增长：日立的净利润率为0.8%，富士通的净利润率为0.5%。

另外 4 家都是亏损的：松下亏损了 124 亿美元，索尼亏损了 62 亿美元，东芝亏损了 20 亿美元，日本电气公司亏损了 34 亿美元。

将这 6 家公司与苹果公司进行比较会发现，在过去 10 年里，苹果的营业收入为 1.4313 万亿美元，净利润为 3162 亿美元，净利润率为 22.1%。

为什么美国能在日本苦苦挣扎的时候继续繁荣？

这就是品牌的力量。品牌咨询公司 Interbrand 称，在全球 100 个最具价值的品牌中，有 50 个来自美国，只有 6 个来自日本（这 6 家日本公司中的两家，索尼和松下，一直在亏损）。

索尼和松下都生产智能手机，但这两个品牌的全球市场份额还不到 1%（这两个品牌都未进入全球十大品牌）。

苹果在全球市场的份额为 19%，在智能手机市场上仅次于三星，但其品牌名不是苹果，而是 iPhone。

消费者知道 iPhone 是由苹果公司制造的，但他们几乎从不称其为"苹果"手机，他们总是称其为"iPhone"。

如果你能看到心智内的构造，那么你可能会看到一个叫作"智能手机"的品类。在这个品类中可能有

一个品牌名。

许多消费者会把 iPhone、三星或华为放在这个品类里，因为它们是领先的智能手机品牌。

其他消费者可能会把 vivo、oppo 或小米也放在这个品类中，这是 iPhone、三星和华为之后的三大领导品牌。

索尼和松下都生产智能手机。但是，有多少消费者会把这两个品牌放进智能手机的品类中呢？

与索尼和松下一样，苹果也生产各种各样的产品：笔记本电脑、音乐播放器、平板电脑、智能手机和智能手表。但苹果在每一类产品中都使用不同的品牌名：iPod、iPhone、iPad 和 Macintosh。

这四个品牌使苹果成为世界上最有价值的公司，在股票市场上价值 1.04 万亿美元。

在苹果的多品牌战略取得成功后，你可能会认为，苹果的每一个智能手机领域的竞争对手都会做同样的事情——给他们的智能手机取一个独立的品牌名，但是他们没有。

除了苹果，所有的智能手机制造商都在智能手机上使用自己的公司名称。我们称之为"产品线延伸陷阱"。

特别有意思的是，品牌越强大，产品线延伸的效

果就越差。

索尼、诺基亚和黑莓等都是非常强大的品牌，但它们并不代表智能手机。索尼是一个强大的电视机品牌，诺基亚和黑莓是强大的传统手机品牌。

如果你的品牌相对不知名，那么你就可以在不同的产品品类中使用它。但如果你的品牌知名度相对较高，那么这种策略就将是一场灾难。

几年前，亚洲和美国的消费者都认为索尼是第一大消费电子品牌。因此，<u>索尼在各种各样的产品上使用了自己的品牌名称，包括视频游戏机、相机、电视机、智能手机和电脑</u>。

视频游戏机 相机
电视机 智能手机 电脑

这正是索尼在市场上苦苦挣扎的原因。在过去的10年里，索尼的总收益为7715亿美元，亏损62亿美元。此外，索尼的收益一直在下降，从2008年的891亿美元下降到2017年的683亿美元，下降了23个百分点。

但现实远非如此，如果考虑这10年里17.4%的通胀率，那么索尼收益的实际降幅更大。

是什么创造了财富？为什么有些公司比其他公司的盈利更多？<u>两个多世纪前，亚当·斯密首先研究了这些问题的答案。他的著作《国富论》（*The Wealth of*</u>

劳动分工带来了专业化、专门知识、灵巧和机械化，因此创造了巨大财富。

Nations）于 1776 年出版，同年美国成立。

是什么创造了财富？是劳动分工。斯密写道，若一个人独自做工，一天只能生产 20 个大头针。但是，如果是一家拥有 10 个人的制造工厂，每个人都是不同生产层面上的熟练工，那么这 10 个人每天就可以生产 48 000 个大头针，或者说每人每天生产 4800 个大头针。

但有一个问题。

正如斯密解释的那样，<u>由于交换的力量给劳动分工带来了机会，因此这种分工的程度必然会受到市场容量的限制</u>。

当时，在一个小国家，没有公司会为了每天生产 48 000 个大头针而建立一个工厂。因为整个大头针市场很小。但在一个大国，就很有可能会有公司这么做。

这就是为什么大国比小国更有优势。因为它们更大，它们的公司更专业化，所以更有效率。因为它们更有效率，所以它们创造了更多的财富。

这就是为什么大城市比小城市更有优势。因为它们的业务更加集中，所以效率更高。因为它们更有效率，所以它们创造了更多的财富。

但那已经成为历史。现在，依靠全球化，世界上任何一个国家的任何一家公司都有机会取得巨大的成功。全球化就是原因。

但是,从一家全国性的公司转换为一家跨国公司需要牺牲:你的产品线必须更窄。

当你把品牌全球化时,你应该考虑什么样的定位战略?这可能是个大问题。

当今,世界上有195个主要国家,其中,有193个是联合国的成员国,还有两个观察员国:梵蒂冈和巴勒斯坦。

你需要为195个国家逐一制定不同的定位吗?不,这毫无意义。

在当今世界的195个国家中,你能使用的最好的定位战略是什么?这就是全球化的第二条原则。

(2)在你的品类中占据领先地位。把你的品牌以国内品类领导者的定位在全球市场上进行营销。

如果你的品牌不是领导者怎么办?我们建议你留在国内市场,并试着找出一个能让它成为领导者的定位,再使它成为领导者。

对比一下美国领先的汉堡连锁店麦当劳和与它最相近的竞争对手汉堡王。汉堡王始于1953年,两年之后的1955年,麦当劳面市。

14 155 家门店　　7156 家门店

但是麦当劳的扩张速度更快,结果它"首先占领了消费者的心智",这也成了它的一个巨大的优势。接下来我们向你展示的数字显示出了两者的差距。

- ▶ 麦当劳在美国的餐厅数量几乎是汉堡王的两倍。
- ▶ 得益于它的领先地位,麦当劳的平均单店销售额也高于汉堡王。
- ▶ 美国麦当劳餐厅的平均单店年收入(约 260 万美元)是汉堡王餐厅(约 130 万美元)的两倍。
- ▶ 麦当劳在美国市场之外的优势甚至更大,麦当劳的餐厅数量几乎是汉堡王的 3 倍。

22 744 家门店　　8582 家门店

这是一个典型的结果。相比于国内市场,在品类中占据领先地位的企业在全球市场上会做得更好。

这是因为它们利用了"在国内市场的领先地位"的优势。具有讽刺意味的是,"在美国的领先地位"这一定位在美国以外的地方更有效力。

这就是为什么一个企业首先要在自己的国家市场中占据品类的主导地位,然后再把品牌推向全球化。

在 21 世纪,大多数品类的市场领导者几乎都应该把自己的品牌推向全球。但对于像汉堡王这样的第二品牌来说,情况并非如此。

对汉堡王来说，更好的策略是留在国内市场，通过聚焦于"火烤"或"更好的汉堡"来攻击麦当劳。比如，汉堡王可以提供新鲜的汉堡肉，而非麦当劳的冷冻汉堡。

许多品牌都做到了这一点。

左侧的图片为大家展示了四个品牌的名称。每一个打造"更好的汉堡"品牌的门店销售额都超过了汉堡王。

重要的定位原则是在走向全球之前首先赢得国内的胜利。

当然，对于某些品类的企业来说，走向全球的机会比其他品类的企业更多。这就是全球化的第三个原则及其原理。

（3）国家在该品类拥有自己的定位。以汽车行业为例，汽车是在德国发明的。

这就是德国汽车品牌在全球市场上比其他国家的汽车品牌更有优势的原因之一。

全球豪华汽车领军品牌

全球豪华汽车两大领军品牌都是德国品牌：梅赛德斯-奔驰和宝马。

德国还以机械闻名，法国以化妆品和服装著称，瑞士以手表闻名，意大利以美食和时尚著称。

运用"国家定位"的认知可以取得怎样的效果？一个典型的例子是意大利领先的意大利面品牌Barilla。

1996年，Barilla在美国上市，当时的宣传语是"意大利第一意面品牌"（Italy's #1 Pasta）。那时，美国市场有五大意大利面品牌：Ronzoni、San Giorgio、Muller's、Creamette和American Beauty。

尽管如此，3年后，Barilla却成了美国最大的意大利面品牌，这是一个典型的品牌定位成功的案例。

中国以茶叶和食物闻名。这是"熊猫快餐"连锁餐厅在美国取得成功的原因之一，2017年它的销售额为31亿美元。

该连锁由3名来自中国的移民创立，目前在美国、墨西哥、加拿大、韩国和阿拉伯联合酋长国运营着2000多家分店。

随着全球化趋势持续增强，你会发现更多的使用自己的国家认知作为定位的品牌。

当一个品牌结合了"领先地位"与国家定位时，就会尤其有力。

但这并不是大多数品牌的推广方式。我们收集了在美国流传的1181个营销宣传语，只有4个品牌在传播中使用了"领先""领导者""第一"或"No.1"这样的词语。

这4个品牌中已经有两个改变了它们的定位宣传语。另外两个，一个是Barilla，另一个是Timken，后者的宣传语是"全球轴承和钢铁用材的领导品牌"。

全球轴承和钢铁用材的领导品牌

为什么没有更多的公司在它们的定位宣传语中使用"领导者"或者类似的表述呢？因为它们是以顾客为导向的，而顾客通常会否认他们购买这个品牌的产品仅仅是因为它们是其品类的领导品牌。

那么，为什么消费者会购买可口可乐、耐克、肯德基等领导品牌呢？

当你问消费者这个问题时，许多人会说，因为它们更好。

但是，消费者如何知道可口可乐、耐克、肯德基和其他领导品牌的产品更好呢？他们会购买所有的品牌并进行测试吗？

当然不是。这里我们要重复一条最重要的定位原则：顾客相信，更好的品牌才能在市场上胜出。

更好的品牌才能在市场上胜出

这是合乎逻辑的，不是吗？如果有数以百万计的人购买可口可乐和耐克这样的领导品牌的产品，那么这些品牌肯定比它们的竞争对手好。

因此，如果意大利的意面比美国的意面更好，而Barilla是意大利国内领先的意面品牌，那么它一定比美国的所有意面都要好。

随着商业从全国性转向全球化，许多小品牌可能会迷失方向。对于这个问题，合作社是一个解决方案，即独立企业的联合。在美国，优鲜沛公司（Ocean Spray）就是一个典型的例子。

优鲜沛是一家总部设在美国的小红莓种植者的农业合作社。该公司目前拥有700多名会员，约2000名雇员，年销售额为17亿美元。

最近，"国家定位"有了新的发展，一个名为"地理标志"的概念产生了。

1995年，世界贸易组织将其定义为：指明货物源自某一成员的领土或该领土内的某一地区或区域，而该货物的品质、声誉或其他特性基本上可归因于其地理来源。

一些著名的地理标志包括美国的爱达荷州土豆、法国的洛克福羊乳干酪、墨西哥的龙舌兰酒、瑞士的格律耶尔芝士、印度的大吉岭红茶、中国的平谷大桃以及其他很多产品。

在未来，你将看到产品的生产企业经由协会、合

作社、地理标志和其他方式，合并在一个品牌名下。

随着全球化成为商业生活的现实，它们具有了独特的意义。

世界也在走向货币全球化。唯一的问题是，欧元、美元或人民币中的哪一种会成为全球流通货币。

目前，有19个欧盟成员方使用欧元作为其唯一货币，世界范围内有10个国家或地区将美元作为其唯一货币。

打造一个全球化的品牌会产生两个效应：一是扩大公司产品的市场，二是在本土市场上强化公司的品牌影响。

尽管德国汽车市场比美国汽车市场小得多，但德国品牌在美国的声誉比美国品牌要好。

这是因为德国汽车品牌在全球市场上的表现要比美国品牌好得多。一家公司可以通过建立一个成功的全球品牌来提高其在当地市场的声誉。

例如华为。目前，除了美国，华为已经进入世界上所有主要的智能手机市场。

这也是华为成为中国市场智能手机领导品牌的原因之一。在2018年的第二季度，华为占据了中国手机市场26%的份额。

在中国，华为被认为是最成功的智能手机全球品牌。

目前，华为在全球智能手机市场的份额为 15.8%，仅次于三星的 20.9%。

苹果的 iPhone 在过去的 6 年里一直是仅次于三星的第二大品牌，这是怎么回事？我们将在第 8 章解释 iPhone 遭遇的情况。

右侧是中国 6 个领先的智能手机品牌，以及它们的最新市场份额。让我们来看一下小米，它目前排名第 4，市场份额为 13%。

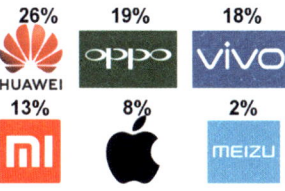

但在印度，小米已成为领先的智能手机品牌，甚至领先于智能手机全球领导品牌三星。

如果我们是小米，我们会以小米在印度市场的领先地位为营销主题，在中国推广小米品牌。

领先地位是你能拥有的最有效的定位，如果可能，最好先成为你自己国家市场上的领导品牌。

但是，向当地的潜在顾客证明你的品牌在其他国家市场的领先地位也是有效的。

20 世纪是一般品牌向全国性品牌进军的时代，21 世纪是品牌成为全球化品牌的时代。

每一个成功的全国性品牌都应该探索自己成为一个全球化品牌的可能性。

因为财富是由专业化创造的,但专业化受到市场规模的限制。随着人们从农村向城市社区转移,市场变得更大、更专业化,因此也更加富有。

第 2 章 · 城市化

全球化并不是 20 世纪最重要的趋势,城市化才是。

在 20 世纪的第一天,世界上只有 20% 的人口在城市居住。

在 20 世纪的最后一天,世界上已经有 80% 的人口在城市居住。

这种从农村到城市社区的大规模人口流动,促进了经济和财富的大幅增长。

左图显示了过去 4 个世纪的全球人均国内生产总值(示意图)。

正如你所看到的,财富的增加与从农村到城市社区的人口流动相匹配。

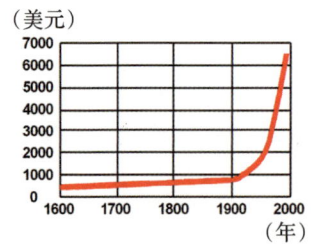

为什么会这样呢？因为财富是由专业化创造的，但专业化受到市场规模的限制。随着人们从农村向城市社区转移，市场变得更大、更专业化，因此也更加富有。

这种大规模运动的原因是农业的技术变革。由于农业设备的改善，以及杀虫剂、化肥和灌溉技术的使用，每小时的农业产量相较20世纪增加了5～10倍。

农业生产力的另一个变化发生在1920年，随着拖拉机的引入而发生。在那之前，由马和骡子为农场提供动力。但直到1955年，拖拉机的数量才超过了用于农业的马匹数量。

城市里的人越多，农场里的人就越少，这创造了许多催生技术发展的环境。

以医疗保健为例，由于医疗、营养、卫生和安全方面的进步，人们的寿命更长。

1900年，美国人的平均寿命只有47岁；到20世纪末，预期寿命增加到了76岁。

20世纪初，美国只有2%的房子通电；到20世纪末，美国超过99%的房屋都通了电。

汽车也在从农村到城市社区的运动中发挥了作用。1990年，每100个美国家庭就拥有20匹马；

到20世纪末，每100个美国家庭中就有85个拥有一辆汽车，几乎没有人再用马作为交通工具。

20世纪末，美国有1.35亿辆汽车，每年生产1700万辆新车。

飞机也在美国和世界其他国家的城市化中发挥了作用。业务的全球化极大地刺激了人们乘坐飞机出行的动力。

这使得许多跨国公司在选择驻地时更倾向于拥有国际航线服务机场的城市。

美国大约有19 000个城市，但其中只有50个大城市覆盖了所有国际航线的90%。

许多位于较小城市的企业最终搬到了拥有国际机场的大城市。

从农场到城市的大规模运动甚至比数字显示的还要快速，因为在20世纪，全球人口规模已经大大增加了。

1900年，美国人口为7000万，到20世纪末，这一数字为2.7亿（2017年，这个数字是3.25亿）。

这种爆炸性的增长催化出了人类一个世纪以来在农业和技术方面的巨大成就，但这是有代价的。21世纪，我们将不得不应对这种爆炸性的增长所带来的问题。

其中一个问题是 21 世纪城市的交通堵塞。

现在,在美国,平均上班通行时间为每人 26 分钟,平均下班通行时间为每人 26 分钟。

这是自 1980 年美国政府追踪数据以来通勤时间最长的一次,当时标准的通勤时间只有 21.7 分钟。

根据美国政府的数据,在 2017 ～ 2018 年度,有 139 万名工人在通勤。这是一个多么浪费时间和精力的过程啊!

然后是事故问题。2017 年,美国有 40 万人死于交通事故,457 万人在交通事故中严重受伤。

这些致人死亡和受伤的事故很大一部分发生在人们上下班的时候。

随着越来越多的人搬到城市,这个问题将会变得更严重。尽管城市和州县已经花费了数十亿美元修建新的道路并扩建现有的道路,但仍然无法改变这一事实。

城市和州县也在城市交通系统的建设上花费了数十亿美元:火车、地铁、公共汽车、有轨电车。

相对于每天两次把人群从郊区搬到市区,应对这一问题的答案显然是相反的——不要移动人群,而应移动房屋。

看看得克萨斯州的达拉斯市，这个城市有130万人口，还有另外590万人住在达拉斯大都会区。

正如你所看到的，市中心到处都是高层写字楼和公寓大楼，但绝大多数人住在城市中心周边的房子里。若人们能将住处从远处搬到市中心的高层公寓，那么通勤时间可能会大大减少。

这是一个理想情况下的定位设计，通过把通勤的痛苦和住在靠近工作地点的高层公寓所带来的便捷乐趣相对比，从而得出最优解。

城市化也创造了许多开发新品牌的机会。城市越大，你就越有可能找到聚焦更窄的品牌。

举个例子，一个小镇可能会有一家餐馆供应几乎能吸引所有人的食物。

一个大城市则会有许多不同类型的餐馆：牛排、海鲜、中餐、日本菜、意大利菜，这之中还有早餐餐厅、快餐店、三明治餐厅、比萨店等。

一个小镇可能只有一家旅馆，但一个大城市可能有汽车旅馆、酒店、套房酒店、豪华酒店、长住旅馆和许多其他类型的酒店。

市场越大，你的品牌就越需要专注。然而，许多公司却反其道而行之。它们扩张自己的品牌，因为它们想要在现有市场中占据更大的份额。

这不是一个好的定位战略。如果你想要代表一切,那么你就什么都代表不了。

城市化为代表新细分市场的新品牌创造了几乎无限的机会。

以牛奶为例,在一座小镇上,一般的商店只会储备一种牛奶——普通的牛奶,而在大城市里,一般的商店可能会储备多种类型的牛奶。除了普通的牛奶,商店可能还储备有机牛奶、豆奶、杏仁奶和脱乳糖牛奶。

一个品牌能代表每一种牛奶吗?当然,但这种品牌几乎从来没有出现过。

▶ 在美国,有机牛奶的领导品牌是 Horizon。
▶ 豆奶的领导品牌是 Silk。
▶ 杏仁奶的领导品牌是 Almond Breeze。
▶ 脱乳糖牛奶的领导品牌是 Lactaid。

当把城市化和全球化的影响结合在一起时,你就会发现,品牌专业化和聚焦化是一个强烈的趋势。

然而,市场上正在发生的事情却恰恰相反:企业通过扩张品牌来应对这些趋势,而不是通过收缩焦点。

这为许多新公司进入市场创造了机会，它们通过将品牌定位在一个更狭窄的细分市场上获得巨大成功。

它们的定位不是普通的牛奶，而是有机牛奶或豆奶、杏仁奶、脱乳糖牛奶。

在超级技术时代，几乎每一个在全球市场上占据主导地位的新品牌都有两个战略定位：一个是起步阶段的战略，另一个是品牌建立的战略。

第3章·超级技术

从营销的角度来看，20世纪最重要的两项技术发明是：①个人电脑；②互联网。

这两项发明的结合极大地促进了商业的全球化和全球人口的城市化。

但变革才刚刚开始。在这两项发明的基础上，21世纪将诞生出数量惊人的新产品、新系统和新概念。

这些变化要比20世纪的技术发展快得多。

这就是为什么我们称21世纪为"超级技术"时代。

但是这些新产品、新系统和新概念的发明者并不一定会从他们的发明中受益。那些深谙定位理念的企业家才是最终的赢家。

21世纪的第一个10年，产生了两个概念，这两个概念改变了数十亿人的生活方式：①由Facebook和其他品牌开创的社交网络媒体，②由苹果和其他品牌开创的智能手机。

创立于2004年的Facebook，现在是全球第6大最具价值的公司，在股票市场上价值5030亿美元。

但Facebook并不是第一个社交网络媒体品牌。Friendster和MySpace是两个更早的社交网络媒体品牌。

Friendster创立于2002年。一年后，也就是2003年，MySpace创立。2004年，Facebook创立。

根据定位理论，率先进入顾客心智的品牌会胜出。

Facebook是如何克服位于第三位社交网络媒体的劣势的？在超级技术时代，你还会发现不少类似的情况。任何重大的新发展都可能吸引许多新公司的加入。

要取得长期的成功，需要两个定位战略：①启动品牌；②主导该品类。

这就好比建造一架飞机，它的飞行速度是每小时800公里，飞行高度为3万英尺[⊖]。

⊖ 1英尺 = 0.3048米

要做到这一点，需要一定功率的发动机、流线型的设计和最小的阻力，但这还不够。

你还得让飞机离开地面。这需要轮子、机翼，比需要在 3 万英尺高空飞行的发动机功率要大得多。

①让飞机离开地面　②让飞机在 30 000 英尺的高空飞行

如果你不能让飞机离开地面，那么它是否能在 3 万英尺的高空飞行就没有任何意义。

如果你不能让你的新业务开始起飞，那么即使你的想法再大，它也毫无意义。

Facebook 推出时的"起步"战略与 Friendster 和 MySpace 不同。Facebook 从哈佛大学的校园开始，而它的两个竞争对手在起步时就是面向所有人开放的网站。

在 Facebook 推出后不久，90% 的哈佛学生都注册使用了该网站。然后，Facebook 进入了常春藤联盟，这是美国最著名的 8 所大学和院校的联盟。

后来，Facebook 向所有大学毕业生开放了自己的网站，无论他们毕业于哪所学校，都可以申请注册账号。最后，在推出 3 年多之后，Facebook 向所有人开放。

让我们考虑一下当时的情况。有三个社交媒体网站，其中两个只是普通的网站。Facebook 是一个大学毕业生正在使用的网站，但现在对所有人都开放了。几乎所有的潜在用户都想加入这个大学毕业生正在使用的网站。Friendster 和 MySpace 开始走下坡路。

今天，Facebook 在股票市场上的市值为 5240 亿美元（2009 年，Friendster 以 2600 万美元的价格售出；2011 年，MySpace 以 3500 万美元的价格售出）。

在超级技术时代，几乎每一个在全球市场上占据主导地位的新品牌都有两个战略定位：一个是起步阶段的战略，另一个是品牌建立的战略。

如今，Facebook 不仅是全球领先的社交媒体品牌，而且其一半以上的营业收入来自美国以外的地区。

如果 Facebook 在创立之初是作为一个全球社交媒体品牌而不是哈佛校内品牌推出呢？如果这种情况真的发生了，那么 Facebook 不太可能成为今天的主导品牌。

亚马逊以卖书起家，之所以选择这个名字，是因为南美的亚马孙河㊀是地球上流量最大的河流。

这就是为什么亚马逊使用了"地球上最大的书店"的口号，如左图所示，它用一本书环绕着地球。

㊀ 又译"亚马逊"，两者都是 Amazon 的音译。

就像哈佛之于 Facebook，对于一个新的互联网零售网站来说，图书是一个好选择。一方面，与实体零售店相比，一个互联网网站可以储备更多的图书。

目前，亚马逊在售的图书多达 3300 万种，包括平装书、精装书、电子书和有声书。

另一方面，即使是一家大型实体书店，其空间也只够陈列销售大约 10 万册图书。

从小规模入手来起步的另一个原因是资金。在开始实现盈利之前，几乎每一家创业公司都需要大量的融资。

如果亚马逊最初试图出售各种产品，那么它所需要的资金就比只卖图书所需要的多得多。

即便如此，亚马逊在网站盈利之前已经连续亏损了 9 年。在这 9 年里，亚马逊的盈利为 122 亿美元，亏损了 30 亿美元。

让亚马逊得以继续经营的是该公司的快速增长。这种快速增长吸引了许多投资者，即那些也会购买特斯拉股票的投资者，尽管亚马逊的品牌没有盈利。

从成立至 2017 年的 22 年中，亚马逊的年平均增长率为29.4%,从未经历过"低迷"时段,年增长率最低的是2001年,当时亚马逊的年平均增长率仅为13.0%。

在2017年,亚马逊的营业收入为1780亿美元,利润为30亿美元。如果该公司继续以每年29.4%的速度增长,再过7年,亚马逊的营业收入将超过1万亿美元。

没有一家公司的收入达到过这一纪录。目前,世界上最大的公司是沃尔玛,2017年的收入为5003亿美元。

联邦快递(FedEx)是一家全球包裹递送和物流公司,服务于220个国家和地区,但最初的情况并非如此,它最初的名字是"Federal Express",是一家国内航空货运公司,与当时的市场领导者——埃默里(Emery)航空货运公司竞争。

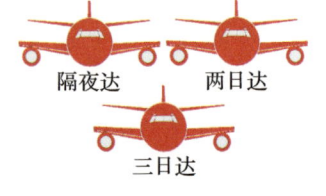

埃默里提供了三种服务:隔夜达、两日达和三日达。联邦快递最初的策略是,"更便宜、更便宜、更便宜"。

换句话说,这三种服务都比埃默里的价格要低。

然而这种服务分类并没有起到什么作用。联邦快递亏损了2700万美元,当时的2700万美元可是一大笔钱。

亏损后的下一步应做什么？许多公司会试图扩大业务赚钱，比如增加国际物流服务。

但联邦快递并没有这么做。

他们做了每一个亏损的企业都应该做的事：缩小业务焦点，在他们的顾客和潜在顾客心智中有所指代，在具体的实践中，这个业务就是隔夜达。

"隔夜必达"成了口号。

隔夜必达

这是一个有趣的事实。联邦快递从未停止过两日达和三日达的服务，他们继续提供这三种类型的服务，只是把他们的战略定位聚焦在了隔夜达服务上。

许多公司都应该这样做。因为即便你的公司拥有完整的产品线，也并不一定意味着你就应该试着在潜在顾客的心智中定位所有的产品。

以美国的汽车市场为例。5个领先品牌和每个品牌的车型数量分别是：福特（14）、丰田（16）、雪佛兰（18）、本田（9）和日产（14）。

5个品牌总共有71种不同的车型。

难怪汽车潜在顾客会对这5个品牌的每一个都感到困惑。

对于它们来说，一个更好的策略是定位聚焦在一个车型上，就像联邦快递一样。

但汽车工业面临着更大的问题。世界上几乎所有的汽车公司都犯了一个错误：没有用一个新品牌来推出电动汽车。

让我们来回溯一下历史。哥伦比亚（Columbia）是美国第一个自行车品牌。自 1878 年开始，哥伦比亚一直是美国自行车行业中的领导品牌。

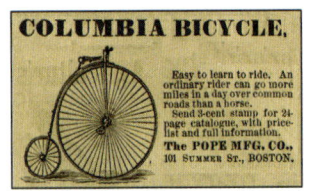

1898 年，哥伦比亚决定进入新兴的汽车行业。他们选了什么样的品牌名呢？当然还是哥伦比亚。

最初，哥伦比亚是成功的。在 1898 年和 1899 年，它是销量最大的汽车品牌。

在 1899 年，一个新的汽车竞争者出现了：蒸汽动力汽车 Locomobile。

这个新品牌成了市场的领导者。在 1900 年，Locomobile 占领了汽车市场 33% 的市场份额，1901 年达到了 47%。到了 1902 年，它拥有了 35% 的市场。

1903 年，Locomobile 决定从蒸汽动力转向以汽油为动力的发动机，这一点意义重大。谁愿意等上 15 分钟才有足够的蒸汽来发动车辆？

没有任何意义的是在汽油发动机汽车上使用蒸汽引擎的名字（Locomobile）。这是一个典型的产品线延伸错误。

汽油发动机汽车需要一个新的品牌名称。

因此，Locomobile失去了领先地位，最终退出了市场。

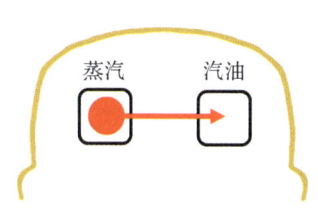

在一个新品类的早期开发中，做出正确的决定是很重要的。

例如，在1900年，美国市场上只有6个主要的汽车品牌，年总销量为2288辆。

10年后，美国市场上有40个主要品牌，年总销量为177 796辆。

在这一领域的早期发展中，Locomobile犯了一个错误，它在汽车工业的快速发展中迷失了方向。

同样的事情会再次发生在汽车行业吗？当然会，并且正在发生。

在汽油发动机汽车占据主导地位超过一个世纪之后，以汽油为动力的发动机似乎已经准备好退休了。

一个标志是混合动力汽车的出现，这是一种明显的"过渡"产品，就像文字处理器一样。

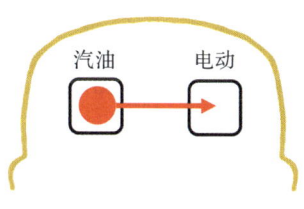

王安文字处理器是一种过渡产品，在个人电脑出

现前，它一直很成功。

王安是如何应对这种变化的呢？他们做了Locomobile曾做过的事——推出了王安个人电脑，但这台电脑却没有取得任何成绩。

这是一个巨大的定位教训，但它似乎被王安的管理层忽视了。

这个教训很简单：如果你想通过革命性的新产品进入顾客的心智，那么就要给革命性的新产品启用一个新的品牌名。

混合动力汽车的崛起表明，汽油发动机对汽车行业的统治即将结束。但是，主流的汽车制造商并没有很好地应对潜在的变化。

宝马、雪佛兰、菲亚特、福特、本田、现代、起亚、梅赛德斯、日产、大众等公司都在开发电动汽车，且都在使用它们既有的品牌名。这正是Locomobile曾犯过的错误。

该行业的外部人士（埃隆·马斯克）用一个新的品牌名推出了电动汽车——特斯拉。在与传统品牌的竞争中，新品牌能有多成功？

特斯拉在美国市场占据主导地位。2017年，在美国销售的纯电动汽车中，特斯拉占57%。

这个销量是排名第二的雪佛兰的两倍多。

为什么汽车行业的高管们看不到革命性的新产品需要一个革命性的新品牌的事实呢?

通用汽车前首席执行官丹尼尔·阿克森(Daniel Akerson)曾说:"如果想与特斯拉直接竞争,那么我们最终可能会想用凯迪拉克来做这件事。"

这是产品思维,而不是定位思维。

购买电动汽车的顾客希望他们的朋友羡慕他们的新车。当你告诉别人,我买了一辆特斯拉时,他们会印象深刻。

但当你告诉别人,我买了一辆雪佛兰沃特时,他们并不确定你买了一辆什么类型的车。

电动汽车将迅速超越传统的汽油动力汽车被人们所接受的一个原因是航空业的情况。第二次世界大战后,航空公司每年的客运量增长迅速,但年空难死亡人数也在增加。

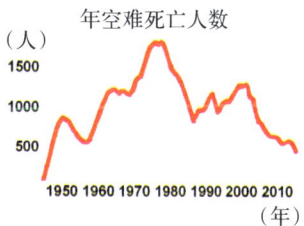

不过,接下来发生的一些事件令航空公司的年死亡人数迅速下降。1958年,波音707面市,这是第一架带有喷气式发动机的客机。

1975年之后,尽管客运量持续增长,但航空公司的年死亡人数却急剧下降。毫无疑问,与活塞式发动机相比，旋转喷气发动机的可靠性更强。

我们预计在汽车行业也会发生同样的事情。最新的活塞式汽油发动机是极其复杂的，它不是简单的旋转电动引擎。因此，电动汽车应该做到具备更长的续航里程和更少的维护需求。

汽车的另一个重要的超级技术发展是自动驾驶汽车的诞生。自动驾驶汽车可以降低快速发展的城市社区的交通成本。

没有哪家公司比苹果更能说明超级技术的威力。在世纪之交，苹果还只是一家小公司，年销售额为54亿美元，没有利润（那一年，苹果亏损了2500万美元）。

16年后，苹果在2017年成为世界上最具价值的企业，市值1.04万亿美元。

2017年，苹果盈利2292亿美元，净利润为484亿美元，净利润率为21%。

三大发展成就了苹果的今天，它们是iPod、iPhone和iPad。

苹果做了两件你需要做的事情，并通过它们建立了一个强大的品牌：①率先进入顾客心智中的一个新品类；②使用一个新的独特的品牌名。

iPod 于 2001 年推出，是第一个高容量的音乐播放器；2007 年推出的 iPhone 是第一款智能手机；2010 年推出的 iPad 是第一台平板电脑。

这三款产品的发展相互促进。iPod 的成功帮助 iPhone 取得了巨大的成功，iPhone 的成功帮助 iPad 取得了巨大的成功。

许多市场营销人员不接受这个版本的苹果成功之路。他们认为，苹果品牌的力量是该公司成功的真正原因。

但苹果并不是一个产品品牌，苹果是一个公司品牌，在美国，没有人会说，<u>我买了一个苹果</u>。

他们会说，<u>我买了一部 iPhone，或者 iPod，或 iPad</u>。

我们重复一项最重要的定位原则。<u>一个新的品类需要一个新的品牌名</u>。

随着苹果三大品牌的巨人成功，你也许会认为苹果的一些竞争对手也会采取类似的战略。

它们没有。

所有主流的苹果在智能手机领域的竞争对手都没有在智能手机上使用新的品牌名。<u>它们都使用了公司既有品牌的延伸：联想、索尼、华为、LG、</u>

Micromax、三星、摩托罗拉、黑莓、诺基亚、小米和HTC。

如果品牌延伸是一个很好的策略,那么诺基亚应该是今天智能手机的领导者之一。

毕竟,诺基亚曾连续14年稳居全球第一大手机品牌。

但是三星智能手机不是很成功吗?当然,这是真的。

三星智能手机的销量超过iPhone。但这并不是因为三星使用了一个延伸品牌。还有另一个重要的定位原则需要考虑。

每个品类最终都由两个品牌主导:领导品牌和第二品牌。就像可口可乐和百事可乐、波音和空客。

这是人的本性,大多数人都随大流。如果每个人都认为iPhone是最好的智能手机品牌,那么我为什么一定要不同意呢?

并不是每个人都随大流,总是有"叛逆者"想要与众不同,第二品牌吸引了那些想要与众不同的人。每个品类都有许多"叛逆者"。

在智能手机领域,苹果被认为是领导品牌,因为它是该品类中的第一品牌,而"叛逆者"就会转而选择华为或三星。

在早期，如果其他智能手机的竞争对手推出一个与 iPhone 有很大区别的新品牌，那么它将有很好的机会成为第二大品牌。

就连苹果似乎也忽略了它成功的真正原因。2015 年，苹果推出了苹果手表，没有推出新的品牌，也不是率先进入手表领域的新品类。

更让人困惑的是，第一代苹果手表有 38 个不同的型号，价格从 349 美元到 17 000 美元不等。

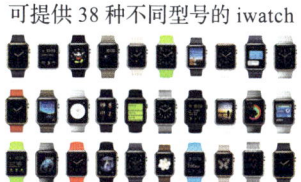

可提供 38 种不同型号的 iwatch

（iPod 在推出时只有一个型号，iPhone 有两个型号，iPad 只有一个型号。）

但是，更多的型号难道不是满足不同顾客需求的最佳方式吗？

这就是以顾客为导向的谬论。如果苹果手表是市场上唯一的智能手表，那么推出多个型号可能是有意义的。但是定位理论从来都不是以顾客需求为导向的，它是以竞争为导向的。要想成功，一个品牌需要在心智中占据一个独特的位置。

若一个产品有 38 个型号，那么我们很难知道产品想要建立什么定位。它是便宜的，还是昂贵的智能手表？

此外，苹果手表应该做什么呢？它的功能在大量型号中变得模糊。

在21世纪，是什么机制驱动超级技术的发展并催生出大量的革命性技术产品呢？

我们认为是"分化"。随着时间的推移，每一个品类都会出现分化，并创造出更多的新品类。每一个新品类都创造了一个建立强大的全球品牌的机会。

电脑最初是一台大型主机电脑。今天，我们有了中型电脑、台式电脑、笔记本电脑、平板电脑、服务器和智能手机（智能手机其实就是掌上电脑）。

许多人认为，新品类是由"融合"创造的，而不是由分化造成的。两个或更多的品类融合在一起，产生了新品类。

几年前，许多媒体专家认为个人电脑将与电视机融合在一起。

正如一位著名的媒体专家所言：<u>不要担心电视机和个人电脑之间的区别，将来两者之间不会有区别。</u>

事实恰恰相反。个人电脑和电视机的发展方向是相反的。个人电脑变得越来越小，电视机却变得越来越大。

许多最重要的新发展不是把两件事物放在一起，

而是通过减去一些东西来创造的。

美国的超市行业是由一个名为"King Kullen"的连锁店开创的,这是第一个裁撤了杂货柜销售员的连锁店。

美国的快餐行业是由麦当劳率先开创的,它是第一家裁撤了服务员的快餐连锁店。

宜家成为世界上最大的家具连锁店,不是通过销售所有类型的家具,而是通过专注于"未组装的家具"。

2017年,宜家的营业收入为364亿美元,利润率为11.8%。为什么顾客会涌向一个出售"未组装家具"的商店呢?有两个原因:①省钱;②能够用自己的车把家具载回家,而不必等家具被送回家。

索尼随身听(Walkman)彻底改变了音乐产业,并帮助索尼成为世界上最成功的电子公司之一。

这台设备没有扬声器,没有录音装置,只有播放功能。因此,索尼随身听的体积小到可以装进口袋。

2009年推出的汽车服务品牌优步(Uber)在成立10年后,估值达到了480亿美元。

优步(及其竞争对手Lyft和其他品牌)在美国许

多城市正迅速取代传统出租车服务。

现在回想起来，我们很容易就能看到智能手机和全球定位系统（GPS）是如何结合在一起，从而使像优步这样的汽车服务品牌成为可能的。

传统出租车服务
司机　调度员
乘客

看看传统的出租车服务是如何运作的。首先，一位乘客打电话给出租车调度员，要求一辆汽车和司机在一个特定的地方接他。

然后，调度员检查可以调度的司机，并调用其中一个来接顾客。

如果摆脱了调度程序，那么服务会是什么样子？通过一个电话，优步乘客就可以联系所有可用的司机，然后选择最近的司机或最便宜的司机。

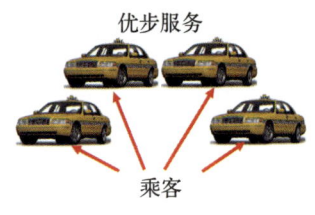

优步服务
乘客

另一个好处是，有了 GPS 系统，优步司机就不需要像出租车司机那样需要多年经验了，任何能开车的车主都可以成为优步司机，并可自由选择工作时长。

许多其他品牌都是通过"减法"而不是加法创造出来的。在 2007 年推出 iPhone 之前，黑莓是占市场主导地位的手机品牌。

到 2010 年，黑莓的营业收入达到 199 亿美元，净利润率为 17%。

第 3 章 · 超级技术

从那时起，随着 iPhone 迅速取代黑莓，黑莓一直都在走下坡路。到 2017 年，黑莓的销售额降至 9 亿美元。

在过去的 6 年里，黑莓亏损了 80 亿美元。

是什么让 iPhone 超越了黑莓？最关键的决策是去掉了黑莓的一个关键组成部分——物理键盘，并将其替换为数字键盘。

这使得 iPhone 的屏幕更大，在上网时更有吸引力。

（在我们的咨询工作中，有 90% 的时间都在建议客户放弃产品或服务，但很少建议他们增加任何东西。）

iPad 于 2010 年推出，是"减去某些东西"的另一个例子。从概念上讲，iPad 以及其他平板电脑是一台去掉了键盘的笔记本电脑。

笔记本电脑　平板电脑

2017 年，苹果售出了价值 192 亿美元的 iPad。相比之下，麦金塔台式机和笔记本电脑的销售额仅为 259 亿美元。如今，人们在平板电脑和智能手机等移动设备上花的时间比在台式机和笔记本电脑上花的时间更多。

"少即是多。"密斯·凡德罗（Mies van der Rohe）

说。他是 20 世纪最具影响力的建筑师,也是"巴塞罗那"椅的设计者,这把椅子是 20 世纪最具标志性的家具设计。

Twitter 是另一个"少即是多"的好例子。互联网上有成千上万的博客平台,它们对博主的博客并没有单词数量上的限制,除了 Twitter。Twitter 于 2006 年推出,其发表的内容限制在 140 个词以内。今天,Twitter 市值 250 亿美元。

多亏了云计算和一项名为"区块链"的新技术,互联网作为一种媒介,可以以一种可验证的、永久的方式记录并交互两方之间的照片、视频、信息和交易。企业家埃文·斯皮格尔(Evan Spiegel)则做了相反的事情。

埃文·斯皮格尔创造了一种让人们发送照片、视频和信息的方式,这些照片会在阅览后 10 秒内消失。今天,他创造的 Snapchat 的市值为 150 亿美元。

在 21 世纪这个"超级技术"时代,将会有许多新的产品和服务被推出。有些会成功,而另一些则不会成功。

人工智能,也就是 AI,将会在许多领域找到用武之地,包括机器人,它将会比人工产出的成本更

低、质量更好。

现在已经有了一个冷冻酸奶连锁店 Reis & Irvy，它用机器人在 60 秒内提供冷冻酸奶，可选择 7 种口味和 6 种配料。

每一家冰淇淋和冷冻酸奶连锁店都可能会密切关注 Reis & Irvy，看看它是否会成功。如果成功，它们就会把机器人技术引入它们自己既有的连锁店中。

但这是不对的！一个新的品类需要一个新的品牌。

云存储是由互联网产生的另一个新品类。在这个领域中，存在着四大品牌。

根据大多数专家的说法，谷歌是世界上第二有价值的品牌。谷歌与 2007 年成立的初创公司 DropBox 相比，排名第二。

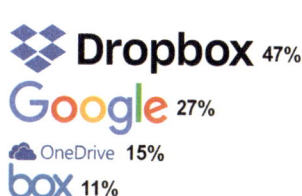

OneDrive 也于 2007 年推出，但当时它的品牌名不同，是 Windows Live Sky Drive，这是另一个错误，在名称中加 Windows 只会对顾客造成视觉上的混淆。

2014 年，英国广播公司 BSkyB 的一场诉讼迫使微软将 Sky Drive 的名称改为 OneDrive。

产品名称至关重要。如果微软在 2007 年推出了品牌名称更好的 Windows Live Sky Drive，那么，至少在我们看来，它将有机会成为今天的市场领导者。

云计算是另一个与云存储相关的品类。亚马逊在这一领域占据主导地位，其市场份额超过了它四家竞争对手的总和。

一个新的品牌本可以在这个领域占据主导地位，这是一个巨大的市场。2017年，亚马逊的云计算业务收入为175亿美元。

现在，不要再试图推出一个新的云计算品牌了，这也是个营销错误，因为在此时推出新品牌已经太晚了。一个新品牌只在一个品类的初期起作用，那个时期有大量关于新品类的宣传。

因为你一般会用公关打造品牌，而经过几年的发展，一个新品牌产生公关效应的机会也会迅速减少。

有很多关于"物联网"的宣传，或者IoT。世界上许多物理设备都与互联网相连，并通过互联网收集和共享数据。

但这些机会并不存在于将所有这些设备连接在一起。更确切地说，机会出现在物联网的细分中。

例如，Nest Labs是由两名前苹果员工于2010年创立的，目的是为家庭开发恒温器和安全设备。

4 年后的 2014 年，Nest Labs 以 32 亿美元的价格被卖给了谷歌。

另一个 21 世纪的创新是自动驾驶。每家主流的汽车公司都在致力于开发这项技术。但是，哪家公司将推出一个新的自动驾驶品牌呢？

如果历史可以为鉴，或许没人会这么做。

再强调一次，自动驾驶是一个新的品类，一个新品类需要一个新的品牌名。

在 21 世纪的"超级技术"时代中，获胜的产品和服务不一定是"更好"的产品和服务，但它们肯定会有更好的定位战略。

你要在顾客的心智中获胜，而进入心智的最简单的方法之一就是在一个新的品类中成为"第一"——用一个新的品牌名。

对于每一个实体品类,都会有相应的基于相同产品或服务的互联网品类,互联网是一系列的新品类,而新品类需要新品牌。

第 4 章 · 互联网

1991 年 8 月 6 日,万维网(world wide web)诞生,也就是我们如今所说的互联网,它是过去 563 年中出现的第五大大众传播媒介。

前四位的大众传播媒介分别是:纸质书、期刊、广播和电视。

- 1455 年,《古腾堡圣经》问世。纸质书使得信息可以从一代人传递到下一代人,加速了技术的进步与发展。
- 期刊(报纸和杂志)通过实现将新闻信息向更多的人群传播而为国家的迅速发展和建设做出

了贡献。
- 广播创造了大量的国家级明星，这要归功于人类声音传递出的情感力量。
- 电视将视觉图片变成了动态影视，成为兼容信息最多的大众传播媒介。

每个美国人平均每天观看电视的时长曾经接近5个小时，现在出现了下降趋势，特别是年轻人的观测数据，他们的日均观看电视时间更短。这是什么原因呢？

原因就在于互联网这个第五大大众传播媒介的诞生。

但是互联网并不仅仅是电视的替代品，它是第一个"全球性"的大众传播媒介。

在过去，你可以通过信件、传真、电话或电报与全世界交流。但这些都不及互联网，互联网成了全球品牌建立过程中的一个强大的大众传播媒介。

亚马逊、Facebook和谷歌等互联网品牌成长为全球品牌的速度令人咋舌。

互联网之所以能够快速增长的另一个原因在于，它是第一个"双向"的大众传播媒介。

通过互联网，你可以向很多人发送单向的信息，这些人也几乎都能够立即回应你的信息。

基于这些优势，互联网始终保持快速增长的趋势。2000年，全球已经有17 087 182个网站。

到了2017年，这个数字达到1 766 926 408，增长了100多倍。

从定位的角度而言，互联网最重要的特征就是它使得潜在品类的数量开始翻倍。

对于每一个实体品类，都会有相应的基于相同产品或服务的互联网品类，互联网是一系列的新品类，而新品类需要新品牌。

几乎每个主流的美国企业都试图用既有的品牌名在互联网上建立业务，但这不会奏效。互联网是一系列的新品类。

所有主要的、成功的互联网企业都使用了全新的品牌名，而非既有品牌名：腾讯、阿里巴巴、微信、百度、亚马逊、Facebook、谷歌、Twitter等。

然而，大多数营销人士并不信奉这一点。大多数营销人士将互联网视为第二个营销渠道。用营销圈里流行的词来说，就是"全渠道"，是一个将多种不同购物方式（线上、实体店或电话购物）结合在一起的零售途径。

几乎每个实体零售店都建立了网站,销售实体店里同样的商品。以沃尔玛为例,它是全球最大的零售连锁品牌,有 11 695 个实体店。

沃尔玛信奉全渠道营销。2000 年,沃尔玛启用了 walmart.com 网站,在互联网上销售商品。

17 年后,沃尔玛的线上销售额只占到公司整体销售额的 2.3%。

2017 年总销量:5003 亿美元

网络销量:115 亿美元

更糟糕的是,公司增长停滞。

在 1999 ~ 2008 年的 9 年里,沃尔玛销售额的年平均增长率为 8.2%。在 2008 ~ 2017 年的 9 年里,沃尔玛销售额的年平均增长率只有 2.1%。

这就是沃尔玛公司在 2015 年以 33 亿美元收购 Jet.com 的原因,这个互联网零售网站成立仅有 1 年。

沃尔玛浪费了 15 年的时间才意识到像互联网这样的新品类需要一个全新的品牌名,这正是最重要的定位原则之一。这里面有很多原因。

首先是定价。在互联网上销售商品比在实体店要便宜。一份调查显示,互联网零售商每 100 万美元的年销售额只需要一位雇员,而实体店每 100 万美元的年销售额需要 3.5 位雇员。

还有线下空间成本的问题。在线下零售点租用储存商品空间所需的费用是互联网零售网站租用仓库所需费用的 5～10 倍。

因此，一家互联网企业可以比实体商店储存多得多的商品。亚马逊网站可以存储几百万件商品，而一家实体店或许只能存储几千件商品。

实体零售店也有自己的优势，消费者在购买之前可以看到商品，在购买衣服之前可以试穿，可以直接把购买的商品带回家，而不是等上三四天才能收到线上交付的快递。

驱动互联网的卖点是低廉的价格和更多的选择，特别是低价，仅这一点就让实体零售店很难用既有的品牌名在互联网上销售商品。

你如何在互联网上为产品定价？

如果你在网上的产品定价和实体店一样，那么就是把生意让给了竞争对手。

相对于在实体店，在互联网上，顾客比价也变得非常容易。要对比两家实体店的价格，就要亲自前往不同的实体店。要对比互联网上的价格，只需要在手机或电脑上输入几个词。

如果你的产品在互联网上的定价远远低于在实体

店的定价，那么就会让你实体店的顾客转而到网上购买产品，最终失去他们的生意。

我们再强调一遍。互联网上的每个品类都是新品类，而依据定位理论，每个新品类都需要一个新的品牌名。

成熟的企业不在互联网上启用新品牌的一个原因是它们是由相对年纪较大的人来管理运营的。美国500强企业的首席执行官的平均年龄是57岁。

大多数的新品牌和网站都是由年轻人推出的。

▶ 杰夫·贝佐斯在30岁时创立了亚马逊网站。
▶ 杰克·多西在30岁时创立了Twitter。
▶ 史蒂夫·乔布斯在26岁时推出了苹果。
▶ 拉里·佩奇在26岁时创立了谷歌。
▶ 马克·扎克伯格在19岁时创立了Facebook。
▶ 比尔·盖茨在19岁时创立了微软。

年纪大的人看不到互联网的力量。杰克·韦尔奇曾经是通用电气的首席执行官，也是美国最著名的商业领袖之一。在互联网刚起步的时候，他说：传统的大企业会把互联网企业打得屁滚尿流。

> 传统的大企业会把互联网企业打得屁滚尿流

然而传统大企业不但没有把互联网企业打得屁滚

尿流,如今这些传统大企业自己正深陷困境。

在过去的10年里,通用电气的销售额下降了28%。10年前,通用电气的利润为222亿美元,去年,这家企业亏损了58亿美元。

在杰克·韦尔奇领导通用电气的20年里,这个公司的市值从140亿美元增长到4100亿美元。今天,这个公司的市值为1120亿美元。

杰克·韦尔奇和杰夫·伊梅尔特(Jeff Immelt,杰克·韦尔奇退休后的继任者)或许是非常杰出的商业领袖,但时代已经变了。时代改变,战略也必须改变。

《物种起源》的作者查尔斯·达尔文也指出过这一点。恐龙或许是体积最大最强壮的陆地生物,但它并没有在环境的变迁中生存下来。

物竞天择,
适者生存。

21世纪加速了环境的变化。

全球化、城市化、超级技术和互联网正在摧毁像通用电气和IBM这样的老一代企业。

IBM在个人电脑的推出中扮演了主要的角色,个人电脑是20世纪最重要的技术发展之一。

但是IBM犯了一个非常严重的定位错误,而企业要从严重的定位错误中恢复过来很难。IBM没有给它的新办公电脑启用一个新的品牌名,而是使用了既有品牌。

起初,IBM个人电脑是一个巨大的成功。到了1985年,IBM是美国第六大的公司,利润达到66亿美元,令世界上绝大多数公司望尘莫及。

当时美国领先的商业杂志称IBM为"美国最受尊敬的企业"。

1987年,IBM犯了另一个定位错误,这是它采用的命名策略的直接结果。当时,IBM有三类电脑:主机、中型机和个人电脑。

由于这三类电脑产品用的都是IBM的名字,因此从逻辑上来说,这三类电脑应该使用相似的软件。1987年3月17日,IBM推出了"系统应用体系结构"(Systems Application Architecture),简称SAA。

被写入三类电脑中某一类标准的SAA的软件,也能兼容于其他两类电脑。

但这毫无意义,三类电脑是针对不同的顾客和问题开发的。SAA被很多电脑专家贴上了"复杂、模糊不清、可能很难学会"的标签。于是到了20世纪末21世纪初,SAA项目被悄然终止。

IBM 在个人电脑业务上的成功也没能持续很长时间。在 20 世纪 90 年代早期，公司开始亏损。1991 年，IBM 亏损 29 亿美元，1992 年，IBM 亏损 50 亿美元，1993 年，IBM 亏损 81 亿美元。

如今，IBM 是美国排名第 32 的企业，并且持续衰落。在过去的 6 年里，IBM 的营业收入下滑了 26%，利润减少了 64%。

未来属于像苹果这样的多品牌公司，而不是像 IBM 这样的单一品牌公司。

为什么多品牌公司会优于单一品牌公司？原因当然和它的定位有关。

一个多品牌公司的每个主要品牌都有一个精准聚焦的"定位"。

大多数单一品牌公司起初都有一个精准聚焦的定位。多年来，IBM 曾经是主机电脑领域中的领导者，而这个品类也是由它开创的。在电脑行业有一个说法：<u>没有人会因为购买了 IBM 而被解雇</u>。

随着单一品牌公司开发了更多的业务，它就失去了其最初的强大定位。

最终，单一品牌公司有了一个"含糊不清"的定位，对它的潜在顾客来说毫无意义。

根据官网信息，IBM 的产品包括：分析、区块链、云计算、协同解决方案、行业解决方案、互联网相关、IT 基础设施、手机、安全、沃森人工智能、沃森客户互动、沃森健康。

IBM 试图将其定位概括为"认知计算"。

认知计算与常规计算有什么不同？IBM 与它的多个竞争对手有什么不同？

它的竞争对手包括：埃森哲、思科、德勤、EMC、惠普、微软、甲骨文、SAP 和优利。

如果 IBM 无法建立一个能在长期取得成功的单一品牌公司，那么亚马逊呢，亚马逊不也做了同样的事情吗？

亚马逊网站出售各类产品，从图书到玩具一应俱全。

难道亚马逊没有像 IBM 一样跌入"产品线延伸的陷阱"吗？

是的，亚马逊也如此。从长期来看，这会有损于品牌。但从短期来看，亚马逊得益于它的竞争对手都在犯错。

目前，亚马逊网站主导了美国互联网销售，这得益于它是最早在互联网上销售产品的品牌之一。在

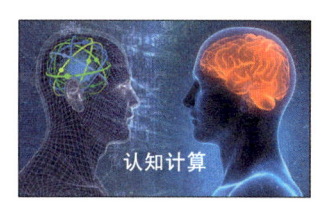

认知计算

Amazon.com
- 书
- 衣服
- 电脑
- 电器
- 游戏
- 食品
- 健康与美容
- 家庭与园艺
- 家居和厨具
- 行李
- 办公用品
- 宠物用品
- 软件
- 运动
- 工具
- 玩具

1995～2005年的10年间，亚马逊的年销售额从几乎为零一直增长到了85亿美元，但这些销售额是有代价的。

在运营的最初10年，亚马逊的销售额为329亿美元，亏损了20亿美元。

一个像亚马逊这样的初创企业，伴随着大量的亏损，是如何做到筹措资金以维持10年的增长的？

答案是公关。作为一个新品类（在互联网上销售产品）中的第一个品牌，亚马逊制造了大量的正面公关。这抬高了它在股市上的价格（同样的情况也抬高了特斯拉的股价）。

在运营了10年并总计亏损了20亿美元之后，亚马逊在股市上仍然价值227亿美元。这使得亚马逊可以通过借款或发行股票的方式来筹措到运营的资金。

新品类中的第二个品牌能产生的公关就远远少于第一个品牌了。没有公关，第二个品牌就无法依靠外部筹资来支撑多年的亏损。这就是潜在的竞争对手没有推出网站与亚马逊竞争的原因。

有一些品牌也进入了互联网并且取得了巨大的成功。它们并没有效仿亚马逊，而是做了跟亚马逊完全相反的事，聚焦于一个更窄的细分市场。

Zappos.com 聚焦于鞋子，然而，绝大多数人都不会在试穿之前直接购买鞋子——万一不合脚怎么办？

Zappos 找到了解决这个问题的途径。如果鞋子不合脚，那么尽管退回去，Zappos 会承担退回的运费。于是 Zappos 就有了它经典的标语：往返包邮。

这个品牌非常成功，在 1999 年成立的 10 年之后，Zappos 被亚马逊以 12 亿美元的价格收购。

成立于 2011 年的 DollarShaveClub.com，增长得比 Zappos 更快。5 年之后，这个品牌以 10 亿美元的价格被联合利华收购。

Dollar Shave Club 是一个服务订阅式网站。顾客只需每个月支付 1 美元（另加 2 美元的运费），就能获得 4 个双锋刀片。

互联网的形式可能会吸引更多的订阅式服务使用者。因为顾客不但节省了时间和费用，还能随时取消服务。

WarbyParker.com 是另一个成功的互联网网站。它成立于 2010 年，这家公司目前估值 18 亿美元。

WarbyParker.com 出售眼镜，售价为 95 美元起，比传统眼镜店的售价低得多。

在网站取得成功之后，Warby Parker 将业务扩张到了零售店领域。

目前，Warby Parker 有 49 个零售店，这是又一个被零售行业称为"全渠道"营销的例子。

我们认为这是一个定位错误。它会给顾客造成困扰，也会破坏网站降低成本并以低价出售产品和服务的能力。

这个做法在沃尔玛身上没有成功，我们相信在 Warby Parker 身上也行不通。然而大多数行业专家的想法恰恰相反。

美国的主流报纸《纽约时报》指出：<u>如何找到电子商务和实体零售之间的平衡，已经成为全球零售业需要优先考虑的最重要的课题之一</u>。

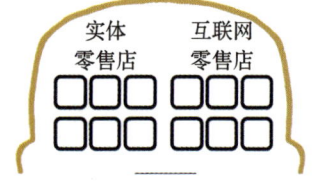

但如果你查看一下顾客和潜在顾客的心智，就会发现他们将零售店分为两个不同的品类。

一个品类是实体零售店，另一个品类是互联网零售店。

这与顾客的购买行为是一致的。他们首先决定是从实体零售店购买还是直接从网上购买，之后再决定前往哪个实体零售店，或上哪一个网站。

那些试图占据两个不同品类的品牌几乎从不会成功。

第 4 章 · 互联网

Casper.com 是又一个实现快速成功的网站。它成立于 2014 年，2017 年估值为 7.5 亿美元。

这个公司把泡沫床垫压缩装进盒子，运送给互联网上的顾客。

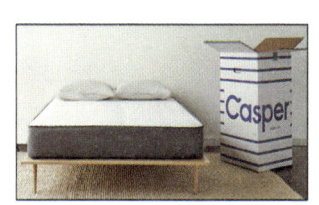

成立于 2011 年的 Chewy.com 是一个宠物食品网站。6 年后，PetSmart 以 33.5 亿美元的价格收购了这个网站。

这里有另一个关于错误的定位思维的故事。PetSmart 是美国最大的宠物连锁店，在 1995 年推出了自己的网站 PetSmart.com。

22 年之后，PetSmart 终于发现品牌延伸不会奏效，因此收购了 Chewy.com。因为新品类需要新的品牌名。

互联网领域中的"搜索"网站历史也验证了定位理论。

在美国有四个主要的搜索引擎网站：雅虎、AltaVista、GoTo.com 和谷歌。

谷歌并不是第一个搜索引擎，那它是如何成为市场的领导品牌的呢？

谷歌是唯一的主流搜索引擎，并且保持着单一搜索功能。

最早的主要搜索网站是雅虎。但对雅虎来说，仅有搜索功能还不够，于是它延伸出了雅虎游戏、雅虎信息、雅虎组群、雅虎邮箱和很多其他的品类。

雅虎曾经的市值达到 1250 亿美元。2017 年，雅虎以 48 亿美元的价格被出售给美国的通信公司威瑞森（Verizon）。

第二个主要的搜索网站是 AltaVista。但搜索对于 AltaVista 来说也不够，于是他们决定在首页增加电子邮件、目录、话题板、比价购物和大量的广告。他们还花费超过 10 亿美元收购了另两个网站。

这两个网站是比价购物网站 Shopping.com 和金融网站 Raging Bull。

AltaVista 于 2003 年被雅虎以 1.4 亿美元收购，并于 2013 年关闭。

美国的第三大搜索网站是 GoTo.com，它首创了点击付费模式。

GoTo.com 想要扩张自己的品牌，于是它决定将自己的搜索服务与 MSN.com、Netscape、AOL 等其他网站联合起来。

联合服务比原先的目标网站服务更盈利，于是 GoTo.com 决定关闭其搜索网站，聚焦于联合服务。

这是很糟糕的一步。当你要在建立一个品牌和建立一项生意之间选择时,更好的做法通常是先聚焦于建立品牌,生意也会随之而来。

谷歌是第四大搜索网站。它没有扩张品牌,一直保持着纯粹的"搜索"功能,并迅速成为市场领导者,占据 90% 的市场份额。

微软的搜索引擎品牌 Bing 占据 3% 的市场份额,雅虎占据 2% 的份额。

如今,谷歌(已将公司名字更改为 Alphabet)的市值达到了 8390 亿美元。

是通用电气和 IBM 加起来的 3 倍多。

软件业也正在向互联网转移。客户关系软件(CRM)就是一个典型的例子。Siebel 系统创立于 1993 年,开创了 CRM 概念并主导了这个品类近 20 年。

Siebel 软件的销售走的是传统方式,由企业购买软件并把它安装到企业自己的服务器上。

1999 年,Salesforce 创立,它用一种不同的方式销售 CRM 软件——不再是销售软件,Salesforce 将 CRM 软件放在它的数据中心,并让顾客通过互联网使用这个软件。

我们为很多企业就类似的战略提供咨询服务。相对于跟一个既有市场领导者直接竞争，它们更倾向于在互联网上启用一个新的品牌。对很多传统业务来说，未来的市场领导者将是互联网品牌。

2005年Siebel以60亿美元的价格被甲骨文公司收购。如今，Salesforce是CRM的市场领导者，市值1070亿美元。

Salesforce是"云计算"革命的先导者之一。因此，它用了一朵云作为自己的logo。在品牌营销领域，现实世界和互联网有很大的区别。

在现实世界，每个行业都有两个主要品牌，一个是主导市场的领导者，另一个是第二品牌。品类中的其他品牌通常只占据很小的市场份额。

分销渠道是其中一个原因。举个例子，超市倾向于陈列出售每个品类中的至少两个品牌，这使得超市能够在和其中一个品牌谈判时取得主动。

比如超市希望品类中的领导品牌参与到促销中来。如果领导品牌方拒绝，那么他们知道超市会转向第二品牌，并请它来做促销。

互联网则不同。要让顾客像在两个实体店之间来回选择那样，在两个网站之间来回切换，可不是一件容易的事。

一旦一个网站主导了它所在的品类，同一品类中的其他品牌就没什么希望了。

但是，随着互联网自身分化成两个独立的品类，另一个机会也发展了起来。

智能手机的推广驱动互联网分化成了两个品类：①基于手机的移动互联网；②基于电脑的 PC 互联网。

聚焦于移动互联的新互联网品牌正大量涌现发展机会。

今日头条正在取代新浪

在中国，一个新的移动互联新闻网站"今日头条"正逐渐取代新浪，而后者是目前基于个人电脑互联网的新闻网站市场的领导品牌。

随着智能手机和平板电脑等移动设备持续取代个人电脑，还会有很多其他建立新移动互联品牌的机会。

然而，要让这一战略成功，你需要一个新品牌和专门为手机使用设计的新网站。

消费者往往"以品类来思考,以品牌来表达",他们有兴趣的是品类,而不是品牌,品类才是隐藏在品牌背后的关键力量。

第 5 章 · 品类

"品类"的概念是这本书中最为重要的新概念,同时,也是定位理论诞生以来最重要的新概念。

未来会发生什么?没人能说清。但我们知道是什么驱动着我们的未来。当今的世界有两种驱动力量:进化和分化。

随着时间的推移,每个品类都会变得更好,通常也会变得价格更低。以汽车为例,按美元现今的汇率计算,美国平均每台汽车的售价在过去 25 年中已经减少了 6%。

以下是一台 2018 年出口的雪佛兰科迈罗和一台 1993 年出品的同车型的雪佛兰科迈罗价格的对比。

相比 25 年前，顾客在 2018 年买到的汽车质量更好、更安全，功能也更多，价格也比 25 年前的低 6%，这就是进化的过程。

随着时间的推移，每个品类还会分化出新的品类。我们仍然以汽车为例，25 年前，每台汽车都是以汽油或柴油作为燃料供能的。

1997 年，丰田推出了第一台混合动力车普锐斯（Prius）。随后，在 1999 年本田推出了本田 Insight 混合动力车。到了 2008 年，埃隆·马斯克推出了第一台纯电动车——特斯拉 Roadster。

特斯拉 Roadster，2008

如今，汽车已经分化出了两个新的品类：混合动力车和纯电动汽车。

1984 年，克莱斯勒公司推出了第一台小型货车——道奇 Caravan。1974 年，吉普公司推出了第一台运动型多功能车——吉普切诺基。

在不到 40 年的时间里，四个汽车新品类被推出了市场：SUV、小型货车、混合动力车和纯电动汽车。哪个品牌成了这些品类中各自的市场领导者？

答案就是那个率先进入这个品类的品牌。

▶ SUV 中的吉普。

> ▶ 小型货车中的克莱斯勒。
>
> ▶ 混合动力车中的丰田。
>
> ▶ 纯电动车中的特斯拉。

如果要用一个词来定义20世纪100年间的营销原则，那么这个词就是"品牌"。数百万个品牌被创造出来，其创造者们也因此获得了丰厚的财富。

那么21世纪的营销学应该用哪个词来概括呢？我们认为，这个词是"品类"。为何品类如此重要？从宏观上看，分化是商业发展的原动力，而分化的力量又来自不断诞生的新品类。从微观的层面看，我们的研究表明：消费者往往"以品类来思考，以品牌来表达"，他们有兴趣的是品类，而不是品牌，品类才是隐藏在品牌背后的关键力量。

在21世纪，若想在既有品类中推出新品牌，不仅花费高昂，而且前途未卜，而开创一个新品类，并在新品类中推出新品牌，几乎总能够获得成功。因此，开创品类并打造品类之王，就成为21世纪商业竞争和打造品牌的第一法则，它将对越来越多的企业和企业家产生深远影响。

但是要注意，新品类也有两种：过渡型品类和真正的新品类。

例如，传真是传统邮件和电子邮件之间的过渡型品类，混合动力车型是传统燃油汽车和纯电动汽车之间的过渡型品类。

过渡型品类在一段时间内能够取得不小的成功，但它随后便会逐渐消失。

还记得20世纪70年代中期推出的传真吗？当时的传真是一个革命性的产品，它令影印的文件得以通过普通电话线传输。

回顾过往，传真显然是介于邮件和电子邮件之间的过渡型品类。

涡轮螺旋桨喷气式发动机是介于活塞式飞机和喷气式飞机之间的过渡产品。今天的绝大多数乘用机都是喷气式飞机。

涡轮螺旋桨喷气式
发动机：过渡型产品

混合动力车是一个介于汽油燃气汽车和电动汽车之间的过渡型品类。

宝丽来是一个介于传统胶片摄影和数码摄影之间的过渡型品类。

过渡型品类在一段时间内也能取得巨大的成功，但最后会退出市场。如果你的新品牌的本质是一个过渡型品类，就会很痛苦。

黑莓手机

以黑莓为例，2010年，黑莓公司的年销售额达到199亿美元，净利润34亿美元，净利润率17%。

但随后，黑莓就沦为介于传统手机和2007年推出市场的iPhone之间的过渡产品。到了2017年，黑莓的销售额下滑至9.32亿美元。在过去7年中，黑莓公司亏损了67亿美元。

很难预测一个新品类会成为一个永恒的品类还是介于新老品类之间的过渡型品类。

在iPhone上市后，黑莓为了保住它的主导性市场地位做了什么？

黑莓做了每个其他手机生产商都会做的事。他们推出了与iPhone同类型的智能手机并沿用了他们既有的品牌名，黑莓。

这是个错误，一个新品类需要一个新品牌名。

随着品类的成熟，领导品牌的市场份额会越来越牢固，其他品牌要取代市场领导者就越来越难。

在一个新品类经历几十年的发展，成为一个老品类之后尤其如此。

以炼乳为例，炼乳是由全脂牛奶除去60%的水分，再灌装起来得到的产品。

炼乳是由E.A.斯图尔特（E.A. Stuart）在1907

年推出的产品，品牌名为 Carnation，当时的口号是 Carnation 炼乳，来自快乐奶牛的牛奶（Carnation condensed milk, the milk from contented cows）。

1985年，这一品牌以30亿美元的价格出售给了全球最大的食品公司雀巢。如今，Carnation 是一个全球品牌，在大多数国家都是市场领导品牌，在美国的市场份额达到了35%。

当你用一个新品牌名推出一个新品类时，能在数十年里保持市场领先地位并不奇怪。

- 舒洁连续92年成为领先的面巾纸品牌。
- 赫兹连续95年成为汽车租赁行业的领先企业。
- 金宝汤连续121年成为领先的灌装汤品牌。
- 高露洁连续122年成为领先的牙膏品牌。
- Swans Down 连续124年成为领先的蛋糕粉品牌。
- 立顿连续128年成为领先的茶品牌。
- 可口可乐连续132年成为领先的可乐品牌。
- 杰克丹尼连续152年成为领先的威士忌品牌。

当你问消费者他们为什么购买某个特定的品牌时，他们很少会说，因为它是新品类中的第一个品牌。

那么为什么"成为新品类中的第一个品牌"很重要？

因为如果你的品牌是新品类中的第一个品牌，那么它也会成为这个新品类中的领导品牌。

但是消费者基本不会说他们购买某个品牌是因为<u>它是品类中的领导品牌</u>。

那么，在营销中传播品牌的"领先地位"为什么这么重要？

因为消费者认为品类中的领导品牌比其他品牌更好，消费者总是想要购买更好的品牌。

消费者认为成千上万的人已经买到了品类中他们想要购买的品牌，那些人认为领导品牌是品类中更好的品牌。

这就是为什么大多数消费者都购买领导品牌。不是因为他们自己这么认为，而是因为成千上万的其他人这么认为。

所以为什么不把你的品牌营销成<u>品类中最好的品牌呢</u>，那不是消费者想要购买的吗？

是的，但是只有你自己说自己的品牌好，几乎没有可信度。潜在顾客认为每个公司都会说自己的产品更好。

如果你有足够的证据来证明你所说的是真的，那么你要宣传的就是你的品牌在品类中的"领先地位"，消费者就会想要购买你的品牌，因为他们想要购买"更好"的品牌。

然而，令人意外的是，很少有品牌在营销中宣传自己是"领先"品牌。我们分析了1181条品牌的宣传语，发现只有4条使用了以下4个词中的一个：领导者、领先地位、第一、No.1。

如果你问大多数首席执行官：如今商业成功的主要条件是什么？

我们相信你得到的答案跟大多数顾客回答你的一样：更好的产品或服务会在市场上胜出。

如果更好的产品会在市场上胜出，那么营销的角色和作用是什么？

如果那是真的，那么营销就完全没有必要。

令我们感到困惑的是，营销行业似乎都认为"更好的产品"是所有问题的答案。

数年前，美国营销协会基金会公布了年度图书的得主，得奖的书是哪本呢？

是由帕特里克·巴韦斯（Patrick Barwise）和肖恩·米汉（Sean Meehan）合著，由享有声望的

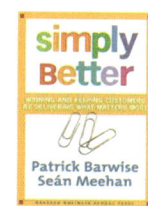 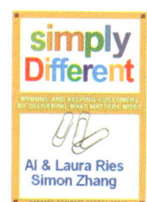

哈佛商学院出版社出版的《只需更好：如何赢得并留住顾客》(*Simply Better*)。

就是要更好，这就是你营销问题的答案吗？我们不这么认为。

如果我们写一本类似的书，书名会是"就是要不同"(Simply Different)。

让我们考虑以下两种不同的情景。

▶ 情景 a：公司在一个新的品类投放新品牌，成为市场领先者，抵御了成百上千通过推出更好的产品或服务以夺取它领先者地位的竞争对手。

▶ 情景 b：公司在既有品类中开发出更好的产品或者服务，持续赶超市场的领导者。

哪个情景更好地描述了第一个能量饮料品牌红牛的情况呢？红牛在美国市场上推出之后，出现了超过1000个能量饮料品牌。

当然，这1000多个品牌中的一些会比红牛更好，但这不重要。

红牛是第一个品牌，因此是品类中最早的领导者。从最初就开始购买红牛的消费者会继续购买红牛，因为它是领导品牌，而且它一定比其他能量饮料"更好"。

人人都知道，更好的产品才会胜出。

现实是几乎每个领导品牌都是新品类中的第一个品牌。赫兹、可口可乐、立顿、雀巢咖啡、英特尔、吉露、舒洁、施乐和其他几十个领导品牌。

情景 a 更符合现实。新品类中的第一个品牌会在很长一段时间里主导该品类。

情景 b 更符合大部分普通人、经理人和 CEO 的认知，即成为品类领导者的并不是第一个品牌，而是更好的品牌，因为人人都知道更好的品牌会在市场上胜出。

这是死囚牢房悖论——如果你说你是无辜的，我们会处死你，因为你对你犯下的重罪毫无悔意。

如果你说你有罪，我们也会处死你，因为我们不会给一个无辜的人行刑。

营销的悖论是同样的道理。如果你是领域内的第一个品牌并成了市场领导者，那么你就有了更好的产品。如果你不是第一个品牌，而且没有成为市场领导者，那么是因为你没有更好的产品。

很多经理人专注于创造更好的产品，他们不明白的是：品类中的第一个品牌几乎总能成为最终的赢家。

以平板电脑为例。

2002 年，大量公司针对微软的技术参数，推出

了平板电脑。平板电脑在典型的个人电脑屏幕外增加了触笔和键盘。

这一情况直到 2010 年苹果公司推出了 iPad 才被打破，这一款产品没有键盘，没有触笔。

苹果公司的首席执行官蒂姆·库克在谈起公司的产品战略时说：苹果公司没有率先推出 MP3 音乐播放器，iPod 并不是首创，它不过是第一款现代 MP3；苹果公司没有率先推出智能手机，iPhone 不过是第一款现代智能手机；苹果公司也没有率先推出平板电脑……事实上，微软在几十年前就推出了平板电脑。

2002 年的平板电脑和 2010 年的平板电脑或许名字是一样的，但它们显然不是同一个产品。

2002 年推出的平板电脑可以算是一件大事。据报道，微软投入了 4 亿美元用于研发操作系统和与之兼容的手写识别工具。

微软与包括惠普、东芝、日立、富士通、NEC 和宏碁在内的 14 家电脑生产商签约生产平板电脑。

比尔·盖茨说：这是笔记本电脑的终极演化，不出 5 年，它将成为最流行的个人电脑形态。

但这一情况从未发生过，然而恰恰相反，苹果的 iPad 取得了巨大成功。仅 2017 年一年，苹果公司就售出了价值 192 亿美元的 iPad。

由于没有触笔和键盘，因此 iPad 成为特别有用的移动设备。不幸的是，它和微软开创的产品共享了同一个品类名"平板电脑"（苹果公司应该给 iPad 起一个不同的品类名，比如：<u>第一台手持电脑</u>）。

iPod 在推出市场时的宣传语是"能装进口袋里的 1000 首歌"，并以此来区别其他只能装 20 多首歌的音乐播放器。

iPod 最早于 2001 年 11 月在美国的零售店出售，但苹果并不是最早推出大容量磁盘驱动器的公司。

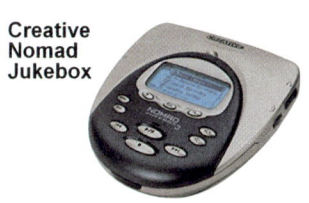

Creative Nomad Jukebox

<u>早在 1 年多以前的 2000 年 1 月，一家名为创新科技的新加坡公司（Creative Technology Ltd.）就开始在美国市场出售它的大容量音乐播放器 Creative Nomad Jukebox</u>。

Jukebox 能容纳的歌曲数量比 iPod 更多，它有 60 亿字节磁盘驱动，而 iPod 只有 50 亿字节磁盘驱动。

这引出了另一条重要的定位原则。胜利不是存在于市场的终端的，而是存在于潜在顾客的心智中。

Creative Nomad Jukebox 率先进入了市场，但没能率先进入顾客的心智。它没有进入心智的机会，原因在于公司犯了 4 个营销错误。

（1）产品线延伸，创新科技公司此前已经在出售搭载64兆字节闪存的音乐播放器Creative Nomad II，相比于磁盘驱动器能容纳的上千首歌，它只能容纳20多首。

（2）通用名，更糟糕的是，"Creative"（创新）是一个描述性的、通用的名字。通用名是无法建立品牌的，只有品牌名可以。

品牌名是什么？是像iPod这样新造出来的名字，或者一个与本身内容完全不一致的通用名（苹果公司并不卖苹果）。

（3）冗长又复杂的名字，Creative Nomad Jukebox共有7个音节，而iPod只有两个音节。

如果你想要在今天的全球市场上建立一个全球品牌，那么你需要短而简单的品牌名（红牛（Red Bull）也是两个音节）。

（4）缺乏聚焦，除了生产音乐播放器，创新科技公司还生产很多其他产品：数码相机、图形加速卡、调制解调器、CD和DVD驱动器、PC扬声器、音频芯片和电子音乐设备，都用了创新科技的名字。

在创新科技公司推出Creative Nomad Jukebox后，苹果公司出资建立了一个独立的组织，由两家公司共同所有，专门用来营销这个设备。但创新科技公司拒绝了，这是一个巨大的错误。

在创新科技公司推出高容量音乐播放器的那一年，其公司的营业收入为12亿美元，净利润率为12%。2017年，创新科技公司的营业收入只有7000万美元，亏损2300万美元。

在 Creative Nomad Jukebox 上市的17年里，创新科技公司亏损了4.22亿美元，若想从这样一个巨大错误中恢复是很难的。

最初的平板电脑和今天的iPad阐释了另一个重要的概念。

2002年的平板电脑是一个融合产品，它结合了触笔感应电脑和标准的笔记本电脑的功能。

2010年的平板电脑是一个分化的产品。它就像是苹果公司去掉了笔记本电脑的键盘而制造的产品，并把大量比笔记本电脑的元素更为重要的元素放进了屏幕里，从而变成了一个新型的电脑设备。这种平板电脑更轻、更容易操作，几乎完全聚焦于传统笔记本的视觉功能。

随着时间的推移，几乎每个品类都会分化。试图占据分化品类中各个层面的领导品牌注定会面临失去其主导地位的可能性。相较之下，更好的战略是持续修剪品牌，使它在心智中持续代表某个单一的定位，然后启用新品牌来占据发展中的新品类。

我们坚信，未来会诞生大量的新品类，从而诞生大量的建立新品牌的机会。

但很多人认为情况恰恰相反，他们相信未来的机会在于通过"融合"把不同的品类结合在一起。

由于智能手机同时也是电话，因此它常常被作为融合的一个例子。

以此类推，由于汽车里还装了无线广播，那么是否意味着汽车也是融合的一个产物呢？

我们认为电话只是智能手机的一个小小的便捷功能，使用智能手机的真正目的是用于上网，而不是打电话。

iPhone其实可以算iComputer（互联网电脑），而不是iPhone（互联网电话）。

此外，我们认为腕表电话有机会把电话从智能手机中淘汰出去。

这并非一个新点子。早在1946年，《至尊神探》连载漫画中的迪克·特雷西（Dick Tracy）就戴着一个类似的设备（戴着腕表电话，你不用把手脱离方向盘就能直接打电话）。

由于分化，未来将会产生更多成功的品牌。

然而，在20世纪末21世纪初，很多专家想的恰恰相反，他们认为，未来属于"融合"。美国领先的商业杂志《商业周刊》曾经刊登了一则标题为"大爆炸，数字融合终于发生"的报道。

杂志写道：在将近20年的时间里，行业先导者们都预测着数字融合技术时代的到来。如今，因为有了更快的芯片、更宽的带宽和更普及的互联网标准，技术正在快速融合。美国另一本重要的商业出版物《福布斯》杂志也针对这个主题做了一期特刊。

杂志写道：融合正在我们这个时代兴起，它正统领着千禧年的转折。

美国主流的商业报纸之一《华尔街日报》甚至出版了一本叫作"融合"（Convergence）的杂志。

很多专家认为报纸会从电视机里投影出来，电话将会被融入计算机。

融合的一个有名的例子是"飞行汽车"。自1945年霍尔（Hall）飞行汽车推出的70多年来，很多公司都在研发如何把汽车和飞机结合起来。

1945年霍尔飞行汽车

很多其他公司成功地制造出飞行汽车。

最近诞生的飞行汽车公司是太力飞行汽车公司

2019 太力飞行汽车

（Terrafugia），它是由浙江吉利控股集团全资所有的，这个公司还拥有吉利、莲花、领克、沃尔沃和其他汽车品牌。

<u>太力成立于 2006 年，该公司的任务就是制造实用性飞行汽车。</u>

如今，12 年之后，公司期望它最新研发的太力飞行汽车能在 2019 年起飞。

尽管融合产物（飞行汽车）在行业努力了 70 多年后仍然没有进展，但另一个分化产物（电动汽车）已经在不到 20 年的时间里取得了巨大成功。

2017 年，全球的电动汽车销量超过了 100 万台，加上使用中的混合动力汽车和电动汽车，这个数字超过了 300 万台。

这个数量比 2016 年增长了 54%，其中有一半的新能源车是在中国市场出售的，中国已经成为全球最大的电动汽车市场。

未来会诞生像特斯拉一样探索品类分化机会并创造或改造新品牌的企业，而不是像太力这样试图将品类融合的企业。

因为分化，未来会诞生更多成功的品牌。例如高科技品牌、低科技品牌、昂贵的品牌、低价的品牌、现代的品牌、传统的品牌、成人品牌、儿童品牌。

以女性为主的品牌、以男性为主的品牌、以消费者为导向的品牌、以行业为导向的品牌。

但只有代表了某个单一品类，这些品牌才能成为主导品牌。

品类比品牌更重要。

新品类中的第一个品牌拥有一个很好的机会,不仅仅是命名这个品类,同时还能选择一个能反映这个品类的品牌名。但如果品类名过于冗长和复杂,就会失败。

第 6 章 · 品牌名

科技的高速发展(我们称之为"超级技术")已经创造了很多产品和服务的新品类。

每个新品类都需要一个新的品牌名,而不是既有品牌名的延伸。

除了一个新的品牌名,还要使用新品牌的新网站。现如今这可不是一件简单的工作,从全球来看,网站的数量已经爆炸。

2000 年全球网站数量就已经达到了 1700 万个,今天这个数字超过了 18 亿,尽管其中的部分网站并不活跃,而且看起来仅仅是为了出售之用。

如果你是新品类中的第一个品牌,那么这正是最

好的定位战略，而且你还应该创造一个新的品类名。

很多企业都忽略了这一点，而任由媒体来决定该品类的名称。历史表明，在 1963 年，吉普的牧马人（Wagoneer）首次被媒体称为"运动型多功能车"。

运动型多功能车

但这个品类名直到 1974 年才被吉普公司用在产品宣传册中。

如今，运动型多功能车以 42% 的份额主导了美国的汽车市场，超过卡车和轿车。

那么据此看来，吉普本应该是美国最大的汽车企业。然而事实并非如此，如今，吉普为菲亚特克莱斯勒公司所有，而菲亚特克莱斯勒只占美国汽车市场 12% 的份额。此外，这 12% 的市场份额中还包括了其他的品牌：Ram、道奇和克莱斯勒。

尽管吉普开发了运动型多功能车的市场，且这个市场占美国汽车整体市场的 42%，但吉普在美国汽车市场仅占有 5% 的份额，是哪里出了问题呢？

问题就在于名字。吉普是美国第二次世界大战期间军用车使用的名字。二战之后，吉普的名字被用在包括运动型多功能车在内的多种车型身上。

我们可以想象 1963 年发生在吉普身上的事。他们是怎么想的呢？他们想，"让我们把吉普这个品牌

扩张一下，打造一种新型的汽车，它可以承载更多乘客和行李，但开起来仍然像一辆运动型汽车"。

这个想法很有意义，却用错了战略。一家公司无论何时拥有创造一个新品类的机会，它都应该这么做。

在营销中没有什么比以下几点更有力的了：①创造一个新品类；②创造一个新的品类名；③创造一个新的品牌名。

吉普本可以做什么？它本可以推出一个新品类，一个新的品类名和一个新的品牌名。

吉普运动型多功能车还有一个选择，它的品牌名可以是 Colt，与其品类名"跨界车"（Crossover）在词头押韵。

这一品类可以被描述为：具备卡车的尺寸和便利，具备小汽车的舒适和承载量。

Colt 这一名字⊖本身就含有一个视觉锤，即一匹跑动的马。汽车本身就跟马匹有很多的关联。第一辆汽车被称为"没有马的马车"，汽车的引擎也是用马力来额定的。

在吉普 SUV 推出的一年后，福特推出了"野马"（Mustang）车型，也是一个跟马关联的名字，卖得

⊖ 意为小马。——译者注

很好。

要重写历史很简单。但我们真正的信息并不是关于吉普在 20 世纪本应该做什么，而是今天的企业在 21 世纪应该做什么。

以电动汽车为例，有人或许会认为电动汽车永远都不会成为一个主流的汽车品类，因此推出一个新的电动汽车品牌并不是明智的做法。

但这可不是大多数汽车企业的想法，大多数汽车企业认为未来是一个全电动汽车的时代。

通用汽车的首席执行官玛丽·博拉（Mary Barra）说：我们看到一个全电动汽车的未来。

她为了证明自己的想法，承诺在未来 5 年内推出 20 个新的全电动车型。

是车型，而不是品牌。

为什么几乎世界上的每个新品类都是由新品牌所主导的？拥有 18 万员工、2017 年销售额达到 1460 亿美元的全球最大的汽车企业之一，通用汽车的首席执行官可不这么想。

为什么她的 18 万员工中没有一个人对她说：每个新品类都是由一个新品牌主导的，而不是一个延伸的既有品牌。

我们看到一个全电动汽车的未来，到 2023 年，我们计划推出 20 个新的全电动车型。

玛丽·博拉
通用汽车
首席执行官

再看一眼历史。正如我们提到的，在 1898 年和 1899 年，哥伦比亚是美国当时最大的汽车企业。

但这一地位并没有保持很久，为什么呢？

因为哥伦比亚曾经是一个自行车生产商，它把自行车的品牌名用在了汽车上。

到了 1906 年，一个新的公司用一个新的品牌名成了市场领导者，那就是福特。

如今，福特仍然是美国领先的汽车品牌。

这种情况经常发生，一个新的品类开始发展，很多既有的企业看到了机会，就会把他们的产品线延伸到新品类中。

一个新品类常常需要几年的时间达到稳定状态，在这种稳定的状态中，会出现一个长期的市场领导者、一个强势的第二品牌和很多其他小一些的公司。

这些小一些的品牌中，几乎没有一个会成为市场两大领导者之一。

率先进入一个新品类的品牌应该用怎样的品牌名？

最好的定位战略是找到一个能够关联到品类的品牌名。埃隆·马斯克给他的电动汽车品牌选择了特斯拉。

很多媒体报道指出尼古拉·特斯拉（Nikola Tesla）

发明了很多最为重要的电力概念。特斯拉发明了交流电、电动车和能量无线传输。

很多媒体报道提到了特斯拉品牌名和尼古拉·特斯拉之间的关联,这就使得特斯拉这个品牌和电动汽车这个品类永久地关联到了一起。

另一个战略是把品类的功能与品牌名关联到一起。舒洁这个品牌名(品牌名为 Kleenex)是为"面巾纸"这一品类所选择的。女士会使用面巾纸来擦掉脸上的面霜和化妆品,换句话说,就是"清洁"她们的脸。

"Cleanex"本可以作为一个品牌名,但把清洁(clean)这个词改为 Kleen 之后(两个词的读音没有变),反而形成了一个更强大、更容易记住的品牌名。

还得记住一点,消费者总是倾向于简化很长的名字,几乎没有人会叫出品类的全名"Facial tissues"(面巾纸),因为这里有四个音节。相反,他们把所有品牌的面巾纸都称为"Kleenex",因为它只有两个音节。

可口可乐公司在意识到很多顾客用"Coke"(一个音节)来替代"Coca-Cola"(四个音节)来叫自己的品牌时,他们就把"Coke"注册了下来。很多顾客还把"Coke"作为可乐这个品类的通用名。

通常情况下，发明者总是想要找一个复杂的品类名来说明自己的发明是多么重要。

- ▶ 第一根火柴叫作可划式硫化过氧化氢。
- ▶ 第一个测谎仪叫作心肺无意识手动描记器。
- ▶ 第一台电脑叫作电子数字积分器和计算器。

新品类中的第一个品牌拥有一个很好的机会，不仅仅是命名这个品类，同时还能选择一个能反映这个品类的品牌名。但如果品类名过于冗长和复杂，就会失败。

这就是为什么没人会说"运动型多功能汽车"，因为这个词有八个音节。他们会说 SUV，因为它只有三个音节。

创造一个新品牌名会变得越来越难，因为你需要找到一个品牌名和用同一个品牌名的网站。

英文中简短的词大部分都已经被用了。所以很多企业需要创造英文之外的独特名字。

一个方法是使用合成词，比如"Star"和"Bucks"组合起来就有了"Starbucks"，即星巴克。

你的左脑，也就是负责语言的半脑，会将"Starbucks"关联到"Star"和"Bucks"。

你的右脑，也就是负责视觉的半脑，会激发出星

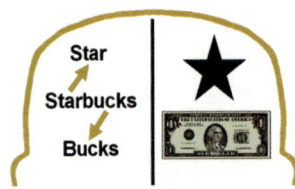

星和美元的图像。单一词汇在心智中所能激发的关联越多，这个词就越能被记住。

Bucks 在英语中是对美元的简称，就像中文里的"元"之于"人民币"。

黑莓、Facebook 和 YouTube 都是由合成词成为知名品牌名的例子。

另一个有用的方法，我们称之为"压缩"，即取两个词，并把它们压缩成一个品牌名。

2007 年，企业家奥斯卡·法利内蒂把一家位于意大利都灵的老苦艾酒厂变成了餐厅、食品杂货店和烹饪学校的集合体。

他的目标就是"生产出每个人都能用公道的价格买到的高质量意大利食品，打造一个人人都能购物、品尝美食和学习的环境"。

为了给这个独特新颖的概念创造一个名字，他用了 eat 和 Italy，并对它们进行压缩，创造出了品牌名 Eataly。

这个概念取得了巨大的成功。在 10 年中，Eataly 取得了全球性的成功，在世界上 35 个地区开设分店，并计划在加拿大、英国、俄罗斯、法国和中国香港开设更多分店。

Eataly是运用全球思维的一个很好的例子。它没有将一个单一的餐厅连锁开到全球,因为那样成本高昂而且难度较高。创立了Eataly的企业家利用了意大利在全球以美食闻名的优势。

之后他们招商来其他的企业,承担餐厅、食品杂货店和其他服务的经费,组建起了一个Eataly。

全球化会在未来驱动类似的项目,也许会有一个叫作AutoLectric的连锁在一个地区销售所有品牌的电动汽车,入驻了AutoLectric品牌连锁的每个电动汽车品牌都可以有自己的设施和销售人员。

像这样的主题购物集成的方式能够减少生产商在渠道上的支出,同时还能创造对顾客友好的环境。

2013年,演员乔治·克鲁尼(George Clooney)和他的朋友蓝迪·葛柏(Rande Gerber)想要创造一个在美国也很流行的墨西哥蒸馏酒——龙舌兰酒的品牌。

Casa
(家)

Amigos
(朋友)

他们选择了西班牙语中表示家的词Casa,把它和西班牙语中表示朋友的词Amigos结合起来,创造了品牌名Casamigo。

2017年,他们以7亿美元的价格将Casamigo卖给了英国洋酒巨鳄帝亚吉欧(Diageo),外加3亿美元的品牌绩效费用(帝亚吉欧是全球最大的蒸馏酒企业，直到 2017 年被中国的贵州茅台取代）。

微软，英文名为 Microsoft，是另一个由两个词压缩成一个品牌名的例子——Microcomputers（微型电脑）和 Software（软件）。

当你把品牌推向全球市场时，关于名字的最大的问题就出现了，不是所有的品牌名都会在其他国家同样奏效，问题不仅仅是名字，还有使用的字母和文字。

- 全世界 90% 的人口在使用六大字母和文字体系。
- 大约有 27 亿人（世界人口的 36%）使用拉丁字母。
- 大约有 14 亿人（世界人口的 18%）使用中文汉字。
- 大约有 11 亿人（世界人口的 14%）使用梵文字母（印度、尼泊尔）。
- 大约有 11 亿人（世界人口的 14%）使用阿拉伯字母。
- 大约有 3 亿人（世界人口的 4%）使用西里尔字母（俄罗斯）。
- 大约有 2.7 亿人（世界人口的 3.5%）使用泰米尔文（南印度、马来西亚、新加坡）。

左图是耐克品牌被翻译成这六大字母和文字体系的样式，上面一行依次是：拉丁字母、汉字、梵文；下面一行是：阿拉伯字母、西里尔字母和泰米尔文。

英语和拉丁字母已经成为全球第二大语言，尤其是在商业世界里。

任何一个品牌若想要成为全球品牌，都要用一个能在英语体系中行得通的品牌名。

全球品牌并不意味着必须是一个英文单词，它可以是听起来用英文能说得通的词。

尤其是消费者既要能读出来，也要能拼写出来你的品牌名。

Nokia（诺基亚）是一个芬兰的品牌名，但它仍然能按照英语体系的发音和拼写准确地被读出来。Tokyo Tsushin Kogyo（东京通信工业公司）是一个日本名，但在英语体系中就行不通。

这就是为什么数年前，东京通信工业公司正式更名为 Sony（索尼）。

当品牌跨越了国界，问题就随之而来了。以品牌名为例，只要你的品牌在那些你想要进军的国家里注册之后，你就会以为所有问题都迎刃而解了。

其实不然。在一个国家行得通的品牌名，未必在另一个国家也行得通。

在很多层面，一个国家的定位甚至比一个品牌的定位更强大、生命力更旺盛。当一个品牌跟它的产地国家关联起来时，品牌在全球市场上取得成功的机会就大得多。

当然，前提是用一个正确的品牌名。

俄罗斯以伏特加闻名。因此，在19世纪60年代创立于莫斯科的斯米诺（Smirnoff）成为全球领先的伏特加品牌，这并不意外。

Smirnoff并不是一个英文词汇，但说英语的人可以很轻松地念出这个词。多亏了它与俄罗斯的关系，斯米诺不仅仅是最畅销的伏特加，也是全球销量最高的蒸馏酒品牌。

但是斯米诺并不是俄罗斯的领先伏特加品牌。在俄罗斯，伏特加的领导品牌是Кремлевская。

俄语使用的是西里尔字母，但是这个伏特加品牌在进口到美国时就被翻译成了拉丁字母Kremlyovskaya。

俄罗斯排名第一的伏特加
Кремлевская
翻译成拉丁文后的形式
Kremlyovskaya

这个品牌没有取得任何成绩，销量惨淡，几乎没有美国人能念出Kremlyovskaya这样的词。我们认为，这一翻译是个错误。

像中国和俄罗斯这些不使用拉丁字母作为通用语言的国家，在全球市场上有一个很大的优势。它们不必使用本国品牌名的音译。

Kremlyovskaya本该起一个更易读写的品牌名，同时看起来就是来自俄罗斯的品牌名。

对伏特加来说，红场（Red Square）是一个可行的名字。它的商标可以使用莫斯科红场的图片，宣传语就是俄罗斯第一伏特加。

有很多证据表明，当一个国家跟某个品类有强关联度，而品牌名能与国家相关联时，这个品牌名就会非常有效。

若有了一个更好的名字，那么Kremlyovskaya可以比斯米诺更成功，因为它有一个强有力的定位是斯米诺所没有的——俄罗斯第一伏特加。

由于俄语使用的是西里尔字母，因此在进入全球市场时，每个俄罗斯品牌都需要被翻译成不同的字母和文字。

此时你会怎么做？你会试着找出那些能复制出品牌名在俄语中发音的字母或文字。

Kremlyovskaya确实用的是拉丁字母，很符合逻辑，但它忽略了很重要的一点。在很多语言中，包括俄语和汉语，它们都有一些世界其他语言没有的发音。

结果，符合逻辑的语言翻译通常会衍生出像Kremlyovskaya这样无法发音的品牌名。但是，如果在全球市场上使用一个完全不同于本国市场的品牌名，会不会不合法？

当然合法。所有Kremlyovskaya一类的品牌要做的是在红场伏特加商标上标注，向顾客显示，这是俄罗斯的Kremlyovskaya品牌。

尽管世界上大多数经济成功的国家（美国、德国、法国、西班牙、瑞士、意大利、英国）用的都是拉丁字母，然而那些不使用拉丁字母的国家拥有一个巨大的优势。

在与那些不使用拉丁字母的国家竞争时，美国、德国、法国、西班牙、瑞士、意大利和英国的品牌不能轻易更改它们的名字。因为英语已经成为全球第二大语言，如果任何一个拉丁字母品牌在那些非拉丁字母系的国家使用了不同的名字，都会引发混淆。

中国、俄罗斯和其他非拉丁字母系的公司在发展全球业务时才有了真正的优势。

既然它们的品牌名要被改变，那么它们可以在全球市场上使用一个更好的名字，而不是试着复制出它们在本国市场上品牌名的读音。

它们完全可以重新起一个新的品牌名，在潜在顾客心智中建立定位，就像用红场替代 Kremlyovskaya 一样。

因为即使说英语的消费者学会了如何念出 Kremlyovskaya，这个名字本身也毫无意义。

德国以啤酒闻名。德国销量最大的啤酒品牌贝克本应该是全球销量最大的品牌，然而事实并非如此。

贝克这个名字听起来不像德国品牌，而且它也不会让人联想到啤酒。

名字是有诱导性的。顾客会根据名字字面上的意思进行假设。当一个人开着车看到路标上写着"湖景路"时，他就会认为这条路上能看到湖景。

<u>否则，为什么要叫它湖景路呢？</u>

<u>营销人员可以利用的是顾客与生俱来的对名字的真实性的信任。</u>

<u>秘诀是什么？即把品牌的定位放进品牌的名字里。</u>

但是一个名字的含义会因为它使用的语言不同而有所变化。在打造全球品牌时，你要确保你的品牌名

在你计划进驻业务的国家的语言体系中是行得通的。

长城汽车曾经计划用 SUV 车型打造全球品牌，该品牌的中文名是哈弗。

最初，根据这个名字的发音，它被翻译成"Hover"。但由于与通用词"气垫船"相同，这个名字无法在全球注册商标。

但没关系。长城汽车决定使用"Haval"来取代"Hover"。今天，长城汽车的 Haval 品牌是中国市场上最畅销的 SUV 品牌之一。

"Hover"和"Haval"对讲英语的人来说都很容易发音和拼写，但这些只是例外。大多数中国品牌的英文翻译并不适用于全球市场。

以雪花啤酒为例，它是中国主流的啤酒品牌之一，这个名字对于英语使用者来说很容易拼写和发音，但其内在意义发生了偏差——英语国家的人并不想喝"雪花"。

青岛啤酒是中国第二大畅销啤酒品牌，在英语国家，其英文名是一个难以发音和拼写的品牌名。它在美国销售渠道有限的一个原因是它主要在中国餐厅销售。如果雪花和青岛这两个品牌想在全球市场上取得巨大成功，那么就应该在全球市场上使用不同的名字。

另一个重要的定位概念是：国家越强大，国家的经济建设就能越成功。

为什么会这样？因为"聚焦"的力量。

更强大的国家更能举全国之力完成一件事，因此效益也更高。它们能为国民创造更多的财富。

这就是为什么美国既是南美和北美最强大的国家，同时也是南美和北美最富有的国家。

这也是为什么德国既是欧洲最强大的国家，同时也是欧洲最富有的国家。

中国作为世界上最强大的国家之一，应该也能成为世界上最富有的国家之一，但这里存在一个问题——拼音。

构建全球性的中国品牌，唯一且最重要的障碍就是拼音，而它是将中文词汇翻译成拉丁字母的官方系统。

创建潜在顾客无法拼写和发音的翻译，并不是打造一个强大的全球品牌的方式。

以下是一些品牌名的拼音翻译，说英语的人都难以拼写并读出来：Huawei（华为）、Xiaomi（小米）、Mengniu（蒙牛）、Yunnan Baiyao（云南白药）、

Haier（海尔）、iQiyi（爱奇艺）、Zhong Hua（中华）、Xue'ersi（学而思）、Tong Rentang（同仁堂），此外还有很多其他名字也是如此。

中国不仅仅是世界上人口最多的国家之一，同时也是最为知名的国家之一。

但我们好奇的是，如果它的英文名字在全球使用的是拼音的 Zhong Guo，那么还有多少人会知道这个国家的名字，大多数说英语的人都无法拼写和发音 Zhong Guo。

以顾客为导向和以竞争为导向，这两者之间存在着巨大的差异。以竞争为导向的企业总是试图建立与一个或更多竞争对手之间的本质差异。

第 7 章 · 竞争对手

传统营销是"顾客导向"的，但定位理论却不是如此，定位理论是"竞争导向"的。

传统的营销方法是先研究你的目标市场，找到你的顾客和潜在顾客的需求，并通过一项营销策划来满足这些顾客。

这有什么不对吗？

有很多不对的地方。因为这正是你的竞争对手在做的事。你的对手正在研究同一群顾客和潜在顾客，并通过一项营销策划来满足他们。

也正因为如此，大多数营销策划呈现出来的结果也十分相似。

你无法通过一项与你竞争对手相似的营销策划来取得胜利，这只会引起混淆。如果想要胜出，那么你要做的就是与竞争对手产生区隔。

在我们为长城汽车提供咨询服务的过程中，我们发现中国的顾客更喜爱轿车，因为轿车看起来更体面。

中国顾客认为 SUV 是实用型车，少了一点社交属性。

我们还发现，其他 28 个中国汽车企业都聚焦于轿车业务，因为它们做了跟我们一样的调研，也正基于此，我们建议长城汽车集中资源打造 SUV 品牌。

这是个悖论。如果你以顾客为导向，那么你会做出企业聚焦于轿车业务的决策。如果你以竞争为导向，那么你就会像长城汽车企业那样，聚焦于 SUV 业务。

这是长城汽车 SUV 品牌最早的广告之一。

史蒂夫·乔布斯之所以总能成功开发出新产品的一个原因就在于他从不相信"以顾客为导向"。

乔布斯说：有些人说要给顾客他们想要的，但那不是我的方式。

我们的工作是比顾客更早发现他们想要什么。

在你展示给他们之前，人们不知道自己想要什么。

人们不相信这个产品的口味，不相信这个 logo 和品牌名。在此之前，我从未经历过这样一场灾难。

在你展示给他们之前，人们不知道自己想要什么。这就是我从来不依赖市场调研的原因。

另一个不依赖市场调研的企业家是迪特里希·马特希茨（Dietrich Mateschitz），他向全世界推出了红牛能量饮料。在谈到市场调研时，他说：人们不相信这个产品的口味，不相信这个 logo 和品牌名。在此之前，我从未经历过这样一场灾难。

然而在 1987 年，迪特里希·马特希茨还是推出了红牛品牌，这个产品取得了巨大成功。

但它不是一夜成名的。红牛用了 4 年的时间，年销售额才达到 1000 万美元，之后又用了 5 年的时间才达到 1 亿美元的年销售额。

任何一个在早期看到红牛的大企业都会说：这个产品不会有市场。我们无法承担巨大的广告预算去推出一个能量饮料品牌。

在红牛上市的 14 年之后，可口可乐公司最终推出了自己的能量饮料品牌 KMX。

KMX 有机会超越红牛吗？没有任何机会。一个品牌一旦牢牢占据潜在顾客的心智，竞争对手就几乎没有机会超越这个领导者。

除了 KMX，可口可乐公司还推出了另外两个品

牌来跟红牛竞争：TAB 和 Full Throttle。TAB 已经退出了市场，Full Throttle 只有 1% 的市场份额。

如果可口可乐能更早一些推出自己的能量饮料品牌，比如在红牛年销售额只有几百万美元的时候，那么它就能打赢这场能量饮料之战。为什么可口可乐公司没有这么做呢？

在营销圈，有一个普遍的观念是，公司只有依靠大规模的广告投放才能推出一个新品牌。

既然在早期，能量饮料的市场很小，那么投入大量的广告预算就不切实际。

这可不是好的定位思维。我们会在第 11 章中阐释，推出一个新品牌最好的方式是运用公关，而不是广告。公关启动不需要大量费用的开销。

苹果公司的 iPod 并不是第一款高容量音乐播放器。创新科技公司是率先推出这类产品的企业。但是苹果公司的资源更多，它有一个更好的品牌名和更好的战略。

最为重要的是，苹果公司没有像可口可乐公司那样等了 14 年。在创新科技公司推出高容量 MP3 之后的 21 个月，苹果公司就推出了 iPod。

如果推出一个新品牌已经太晚了呢？如果竞争对

手品牌已经在心智中占据了一个强大的定位了呢？你要如何制定你的定位战略？

简而言之，就是成为"对立面"。

心智中总有一个空间是留给领导品牌的对立面品牌的，我们可以称之为定位中的阴和阳。

你可以通过站在对立面与领导品牌关联起来，心智总能够将已经存在于心智中的词汇的对立面存储起来。

阴 阳

冷和热，男和女，主动和被动，生与死，夏天和冬天，日与夜，奇数和偶数，光明与黑暗，天与地，上和下，好和坏，黑与白……这些都是阴阳的体现。

这就是魔爪（Monster）能量饮料所做的事。红牛和其他数千个能量饮料品牌都是用245毫升的小罐装的。

魔爪推出的是460毫升的大罐装，并迅速成为强势的第二品牌。

在美国市场，魔爪占据能量饮料市场39%的份额，红牛占据了43%。

在很多品类中，第二品牌都是领导品牌的对立面。

在1886年可口可乐上市之后，美国市场上出现了几百个可乐的竞争品牌。

Candy-Cola, Carbo-Cola, Celery-Cola, Celro-Kola, Charcola, Cherry-Kola, Chero-Cola, Citra-Cola, Co-Co-Colian, Coca and Cola, Coca Beta, Coke Extract, Coke-Ola, Cola-Coke, Cola-Nip, Cold-Cola, Cream-Cola, Curo-Cola, Dope, Eli-Cola, Espo-Cola, Farri-Cola, Fig-Cola, Four-Kola, French Wine Coca, Gay-Ola, Gerst's Cola, Glee-Nol, Hayo-Kola, Heck's Cola, Jacob's Kola, Kaw-Kola ("Has the Kick"), Kaye-Ola, Kel-Kola, King-Cola, Koca-Nola, Ko-Co-Lem-A, Koke, Kola-Ade, Kola-Kola, Kola-Vena, Koloko, Kos-Kolo, Lime-Cola, Lemon-Ola, Loco-Kola, Luck-Ola, Mellow-Nip, Mexicola, Mint-Ola, Mitch-O-Cola, Nerv-Kola, Nifti-Cola, Noka-Cola, Pau-Pau Cola, Penn-Cola, Pepsi-Cola, Pepsi-Nola, Pillsbury's Coke, Prince-Cola, QuaKola, Revive-Ola, Rococola, Roxa-Kola, Sherry-Coke, Silver-Cola, Sola-Cola, Standard-Cola, Star-Cola, Taka-Kola, Tenn-Cola, Toka-Tona, True-Cola, Vani-Kola, Vine-Cola, Wine Cola, Wise-Ola.

这里只列出了其中一部分。现在来看,这些品牌中哪一个成了可乐的第二品牌?

是百事可乐,因为它有更好的定位战略。

百事可乐使用了和魔爪一样的战略。可口可乐推出的是188毫升的小瓶装,百事可乐推出的是348毫升的大瓶装。

在很多年里,百事可乐的广播广告不断地强调着这两个品牌之间的差别。

在20世纪30年代,百事可乐有一则节奏明快的广播广告,播出了几百万次:

百事可乐真过瘾,

355毫升,装得满满,

五分钱买两倍的量,

百事可乐,您的可乐!

(Pepsi-Cola hits the spot.

Twelve full ounces, that's a lot.

Twice as much for a nickel, too.

Pepsi-Cola is the drink for you.)

当你的产品拥有强大的差异化特质时,你的竞争对手就很难复制你,你的广告信息就会很有力。

不必追求创意,不必不断更改你的广告传播语。只要不断地、一遍一遍地重复同样的信息。

可口可乐独特的曲线瓶就是一个强有力的视觉锤。但这个瓶子的容量是 192 毫升,且无法轻易改变。

如今,可口可乐和百事可乐仍然主导着可乐品类。第三品牌 RC 可乐仅占有很小一部分的市场份额。

立顿用的是传统的 473 毫升罐装,曾经是美国冰茶市场的第一品牌。之后 Arizona 冰茶用更大的 590 毫升罐装进入市场。

没多久,Arizona 就成为冰茶的第一品牌,占据 39% 的市场份额,立顿占 35%。

三星之所以能成为在苹果 iPhone 之后的强势第二品牌,其中一个原因是在 2011 年推出了 5.3 英寸[⊖]的大屏 Galaxy Note。

3.5 英寸　　5.3 英寸

同一年,苹果公司推出了 3.5 英寸屏的 iPhone 4。

三星的大屏手机迫使苹果公司在后来发布了大屏 iPhone 系列。iPhone 5 配置的是 4 英寸屏幕,iPhone 6 配置的是 4.7 英寸屏幕。直到 5.5 英寸屏幕的 iPhone 6 Plus 推出市场,苹果公司智能手机的屏幕尺寸才超越了三星的 Galaxy Note。

⊖　1 英寸 = 0.0254 米。

在这 3 年里，三星持续推广它的大屏手机，为这个品牌创造了很好的公关效应。如今，三星和苹果是品类中占据主导地位的领导者。

"大小"通常是区隔开创品类的领导品牌，打造第二品牌的一个很好的方法。这在魔爪能量饮料、百事可乐、Arizona 冰茶、三星和很多其他品牌身上都得到了验证。

但还有其他的方法也能达到同样的效果。若要体现差异化的力量，巧克力棒就是另一个例子。

右图是全球领先的 7 个巧克力棒品牌。

在美国，巧克力棒被认为是给孩子吃的，大多数巧克力棒的电视广告也是针对孩子的。

但士力架（Snickers）不同。它推广的是"成年人的巧克力棒"。这一战略非常成功，士力架如今是全球领先的巧克力棒品牌。这是"差异化"力量的一个很好的例子。

一旦两个强势品牌主导了一个品类，第三个品牌要占据相当的市场份额就很难。

以艺术品拍卖行为例。全球两大领先的拍卖行都成立于 18 世纪，占据领先地位已经超过了 250 年。

如今，苏富比（Sotheby's）和佳士得（Christie's）

一共占据高价值艺术品拍卖市场 80% 的份额。

另一个将新品牌与市场领导品牌区隔开来的方式是"价格"。很多品牌是通过价格区分建立起来的，要么占据高端市场，要么占据低端市场。

美国有很多咖啡店出售咖啡和三明治等配餐。在每个城市的每个小镇都有一家当地的咖啡店。

因此再从咖啡连锁起步似乎并不是一个明智的选择，除非企业有正确的定位战略。

星巴克就有正确的定位战略，从"高端"咖啡连锁起步，价格是传统咖啡店的 2～3 倍。

如今，星巴克是美国第三大餐饮连锁（排在赛百味和麦当劳之后），拥有 13 172 家门店。

2017 年，星巴克的年营业额达到了 224 亿美元，净利润率为 13%。

星巴克在全球范围内拥有 26 696 家门店，包括左图中的这一家位于四川省成都市的门店。

星巴克在中国运营超过 3000 家门店，在未来 3 年计划再开设 2000 家门店。

除了美国，中国的星巴克门店数超过了世界上其他任何一个国家。

如果星巴克是一个以顾客为导向的企业，那么中国会是星巴克最后考虑进驻的国家。中国是一个流行喝茶的国家，而茶是咖啡最主要的竞争对手。

"高价"可以是一个打造全球品牌的非常有效的定位战略。这 11 个时尚品牌是全球最知名的一部分品牌。

"低价"也是一个打造全球品牌的好战略。

沃尔玛就是基于这一原则建立起来的，它的传播口号是"天天低价，永远低价"。

如今，沃尔玛是全球最大的零售连锁品牌，拥有 11 695 家分店，年销售额超过 5000 亿美元。

塔吉特（Target）通过稍稍提升一个档次而成为沃尔玛的实际竞争对手，它拥有更宽敞的走道，更明亮的灯光和更时髦的商品。

沃尔玛和塔吉特两个连锁品牌主导了"大型超市"品类。尽管塔吉特连锁规模稍小一些，但净利润率与沃尔玛持平。

排名第三的连锁品牌西尔斯（Sears）正身处困境。在过去 10 年中，西尔斯的销售额为 3469 亿美元，亏损 121 亿美元。

更糟糕的是，西尔斯的销售额从 2008 年的 467 亿美元持续下跌到 2017 年的 167 亿美元。这个公司很难做到继续维系几年不破产。

西尔斯发生了什么事？同样的事情也发生在大多数以顾客为导向的企业身上。

西尔斯追求持续的产品线延伸。为了满足顾客的需求，<u>西尔斯不断扩张，收购了科威国际不动产（Coldwell Banker）、好事达保险公司（Allstate）和一家股票经纪公司添惠公司（Dean Witter）。</u>

此外，西尔斯还开设了很多其他的零售业务。

- ▶ 大西尔斯（Sears Grand），超级市场连锁店。
- ▶ 西尔斯家政服务（Sears Home Services），专注于家电维修的连锁店。
- ▶ 西尔斯眼镜（Sears Optical），眼镜连锁店。
- ▶ 西尔斯肖像工作室（Sears Portrait Studio），摄影工作室连锁店。
- ▶ 西尔斯假期（Sears Vacations），线上旅行社。
- ▶ 西尔斯奥特莱斯（Sears Outlet），出售折扣商品的连锁店。
- ▶ 西尔斯器械五金（Sears Appliance & Hardware），五金连锁店。
- ▶ 西尔斯家电展厅（Sears Home Appliance Show-

第 7 章 · 竞争对手

rooms），家用电器连锁店。
- ▶ 西尔斯必选（Sears Essentials），折扣连锁店。
- ▶ 西尔斯品牌中心（Sears Brand Central），电子产品连锁店。
- ▶ 西尔斯租车（Sears Rent-a-Car），租车连锁店。
- ▶ 西尔斯居家（Sears Homelife），家具连锁店。

每推出一个新的连锁业务，西尔斯品牌就被稀释一次，直到这个品牌不再代表任何东西。

你无法通过给你的顾客和潜在顾客提供更好的服务来获胜。你要通过聚焦于某个特定的差异化进入顾客的心智。然而几乎世界上每家公司都会忽略竞争，聚焦于满足顾客的需求和欲望。

以航空业为例。有些乘客会购买尽可能低价的航班出行，有些乘客承担得起座位更舒适、食物饮料更好的航班。因此大多数航空公司都提供吸引各类乘客的服务：头等舱、商务舱和经济舱。

以顾客为导向的 4 家美国领先的航空公司都提供所有等级的客舱：美国航空、美国联合航空、达美航空和全美航空。

但是西南航空则不同，它只有经济舱。

在46年的运营中,西南航空公司每一年都盈利,这个公司非常成功。

从承载的全球乘客量来看,西南航空和达美航空不相上下,中国南方航空排名全球第三。

与此同时,美国这四家主要的航空公司都经历过破产。

▶ 美国联合航空于2001年破产。

▶ 全美航空于2002年破产。

▶ 达美航空于2005年破产。

▶ 美国航空于2011年破产。

以顾客为导向和以竞争为导向,这两者之间存在着巨大的差异。

以竞争为导向的企业总是试图建立与一个或更多竞争对手之间的本质差异。

既然每个主流的航空公司都同时提供头等舱和经济舱服务,西南航空就缩窄了业务焦点,仅聚焦于经济舱服务。

全套服务　外送服务

必胜客(Pizza Hut)是美国第一家国内比萨连锁品牌。以顾客为导向,必胜客为堂食的顾客提供餐桌服务,同时也提供打包和外送服务。达美乐

(Domino's）通过聚焦于外送服务进入这个市场，如今成了市场领导者。

营销策划的目标并不是满足你所有的潜在顾客。营销策划的目标应该是建立一个独特的差异化，将你的品牌和竞争对手品牌区隔开来。

你在心智中胜出，而进入心智最好的方法是用一个你的竞争对手所不具备的独特的概念。

太多的企业认为建立品牌只有一个方法。这就是为什么品类中的每个企业都会趋同。它们都试图通过"成为更好"来战胜竞争对手。

并不是这样的，要赢的方法永远不止一个。老子的一句话很好地表达了这一点。

反者道之动

反者道之动。

西南航空就是通过聚焦于经济舱服务而取得成功的。

在西南航空成功之后，美国很多其他的航空公司也尝试了同样的战略：Spirit、JetBlue、Allegiant、Sun Country 和 Frontier。

然而这些航空公司没有一个达到西南航空的成就，甚至相去甚远。西南航空去年的营业收入达到了 204 亿美元。

另五家航空公司（Spirit、JetBlue、Allegiant、Sun Country 和 Frontier）加起来的营业收入总和只有 126 亿美元。

航空业真正应该做的是站在西南航空的对立面，建立一个"全头等舱"航空公司。

如果像西南航空这样的"全经济舱"航空公司能够成功，那么"全头等舱"航空公司也有同样的机会成功，甚至更成功。

反者道之动。

如果你无法成为第一,那么就做领导品牌的对立面。几乎每个品类中,都只有两个主导性品牌。

第 8 章 · 二元性

个人电脑是 20 世纪最伟大的技术发展之一。和大多数其他新发展一样,个人电脑也遵循了我们称为"二元定律"的定位原则。

每个具有革命性的新产品都会吸引很多竞争对手。在 1976 年苹果公司推出个人电脑之后,出现的个人电脑品牌超过 300 个。

右图是这几百个品牌当中的 6 个:① AT&T,② Dictaphone,③ Lanier,④ NCR,⑤ 西门子,⑥ 施乐。

全球几乎每个高科技企业都使用了既有品牌名来推出个人电脑,这是我们所说的"产品线延伸"的又

一个例子。

除了这 6 个品牌，还有 Atari、Burroughs、数字设备公司、Exxon、IBM、ITT、Mitel、摩托罗拉、NEC、Smith Corona、索尼、王安和很多其他品牌都推出了个人电脑产品。

几乎所有这些个人电脑品牌都消失了。

今天只留下了惠普（Hewlett Packard）和戴尔（Dell）两个个人电脑品牌主导美国市场。这两个品牌加起来占据美国个人电脑市场总销量的 75%。

戴尔曾经是一个新品牌，那么惠普呢？惠普公司成立于 1939 年，主要生产电子测试设备。难道惠普不是一个产品线延伸的成功案例吗？

不，惠普通过收购才达到如今的位置。2000 年，全球个人电脑领域三大领先品牌分别是康柏、戴尔和惠普。就在那一年，惠普公司收购了康柏。

1994～2000 年，康柏曾经连续七年占据全球个人电脑市场的领先地位。

在当时斥 250 亿美元巨资收购康柏后，惠普把两条个人电脑产品线都放在惠普的品牌名下。

惠普错失了打造两个强大全球品牌的机会。惠普通过率先推出桌面激光打印机，已经建立了一个成功的"打印机"品牌。

公司本应该保留康柏作为个人电脑品牌名，惠普作为桌面打印机品牌名。

这样，惠普公司就拥有了两个领导品牌：个人电脑品类中的康柏和打印机品类中的惠普。

实际上，戴尔本该成为美国市场上的个人电脑领导品牌。

但戴尔也犯了和惠普同样的错误，将它的品牌名用在了桌面打印机和很多其他产品上。

除了惠普和戴尔，美国个人电脑市场的第三个品牌是苹果公司的麦金塔，销量可观。

但我们会把麦金塔品牌归为另一个品类。

我们认为，麦金塔是一个"高档"品牌，就像咖啡连锁品类中的高端品牌星巴克。

戴尔如今是美国第二大、全球第三大的个人电脑品牌，它的成功显示了即便是和全球最强大的企业竞争，定位战略依然能够取得成功。

在 1984 年，也就是 IBM 推出个人计算机的三年之后，迈克尔·戴尔（Michael Dell）在他得克萨斯大学的寝室里成立了个人电脑公司。

一个年仅 19 岁的大学二年级学生建立的公司如

迈克尔·戴尔

何与 IBM、西门子和索尼等全球最大、最成功的高科技企业竞争？

他用的是典型的定位战略：使用一个新的销售渠道系统，去创造一个他可以主导的新品类。

在当时，每个主要的个人电脑生产商都通过零售渠道销售产品。戴尔则不同。

戴尔只做直销，而且只针对企业，不针对个人消费者。

这一战略有两大优势：①由于没有经销商的佣金，戴尔的售价可以更低；②戴尔可以根据企业客户的需求调整计算机的内存容量，增加或减少装载的软件。

这正是第二品牌的定位战略。如果你无法成为第一，那么就做领导品牌的对立面，几乎每个品类中，都只有两个主导性品牌。

- ▶ 可乐品类：可口可乐和百事可乐。
- ▶ 能量饮料品类：红牛和魔爪。
- ▶ 牙膏品类：高露洁和佳洁士。
- ▶ 拍卖行品类：苏富比和佳士得。
- ▶ 民用机品类：波音和空中巴士。
- ▶ 大型商超品类：沃尔玛和塔吉特。

▶ 汉堡连锁品类：麦当劳和汉堡王。

▶ 运动鞋品类：耐克和阿迪达斯。

▶ 挖土机品类：卡特彼勒（Caterpillar）和小松（Komatsu）。

▶ 视频游戏机品类：PlayStation 和 Xbox。

▶ 网约车服务品类：优步和来福车（Lyft）。

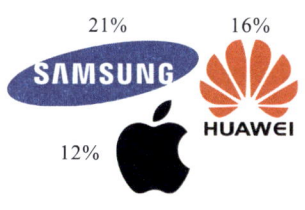

三星和 iPhone 是两大领先的智能手机品牌，但最近华为占据了第二的位置，发生了什么？

苹果公司犯了一个重大的错误。高科技产品通常会降低自己的产品价格。

在 20 世纪 80 年代售价 3000 美元的一台个人电脑，在今天只要 300 美元就能买到。

2007 年，最贵的 iPhone 售价 600 美元。如今，它的售价达到了 1100 美元，增长了 83%。苹果公司正在将 iPhone 推向另一个品类——昂贵的智能手机。

当营销人员说"我们的品类不同"时要提高警惕。对于领先的市场地位，企业通常只能占据几年，无法达到几十年。

以移动电话和智能手机为例，它们是 21 世纪最为重要的产品发展。你或许会认为，随着一年年新品牌和

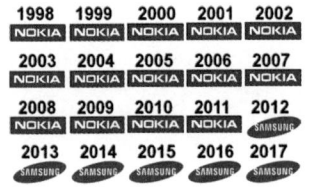

新功能的推出，市场份额会发生改变，但其实并没有。

在 1998～2011 年的 14 年间，诺基亚一直是移动电话的全球第一品牌。之后到了 2012 年，三星成为市场领导者，并在过去 6 年中一直占据这一位置。

诺基亚是如何失掉了自己的地位的？原因几乎和每个领导品牌失掉自己的领先地位一样。因为它在推出智能手机产品时仍然使用了在移动电话时创建的品牌诺基亚（又一个产品线延伸的受害者）。

几乎人人都知道智能手机市场的两个领导品牌：三星和 iPhone，但很少有人知道排名第三的品牌（华为）。

这是一个认知问题。大多数人认为品类中的两大领导品牌一定是最好的，所以他们会在两个品牌中选择一个，于是其他的品牌就会被远远甩在后面。

如果你的品牌不是两大领导品牌之一，那么你就有一个长期的定位问题。

解决这个问题的方法就是缩窄你的焦点，使你的品牌能有所代表。

在一个新品类的发展早期，如何确保你的品牌能成为存活下来的两个品牌中的一个。

最好的方法就是做品类领导者的对立面。以能量饮料品类为例，在美国，魔爪站在了红牛的对立面，这两个品牌加起来占据能量饮料 82% 的市场份额。

随着很多更小的品牌逐渐退出市场，这两个品牌的市场份额总和还会增长。两大领导品牌主导市场的时间越长，它们就越强大。

在占据领先地位长达几十年后，它们就几乎不可能被超越了。

在美国的一个例子就是联合包裹服务（UPS）和联邦快递（FedEx）。

UPS 成立于 1907 年，至今仍然主导着美国的包裹递送业务。联邦快递直到 1971 年才进入市场，如今是行业中的第二品牌。

在 21 世纪早期，一家欧洲的包裹递送公司（DHL）试图进入美国市场。

由于它是一个强大的全球企业，因此 DHL 的营业额超过 UPS 和联邦快递。右图是 2008 年三家公司的全球营业额对比。

但是 2008 年，DHL 退出美国市场，因为 DHL 每年都亏损几十亿美元。

2008 年，DHL 亏损 24 亿美元，而 UPS 盈利 30 亿美元，联邦快递盈利 11 亿美元。DHL 犯了一个典型的错误,它错就错在试图进入一个已经被两个主流品牌主导的成熟品类。

这几乎不会奏效。每个品类几乎最终都会由两个品牌主导。如果你的品牌无法成为两大主导品牌之一,那么你就有了一个长期的问题。

以美国的通信行业为例。左图是行业的四大品牌:AT&T、Verizon、Sprint 和 T-Mobile,以及它们在过去 10 年中的总营业收入。

AT&T 和 Verizon 这两大领导品牌的营业收入总和几乎是 Sprint 和 T-Mobile 营业收入总和的 5 倍。

两个领导品牌都在盈利,其余两个品牌都在亏损。在过去 10 年中,AT&T 和 Verizon 盈利 2280 亿美元,Sprint 和 T-Mobile 亏损 290 亿美元。

现在来看,哪个企业的服务更好、价格更优、营销策划和广告投放更好?

这些真的重要吗?

真正重要的是哪两个品牌主导了品类。一旦你的品牌成为主导品类的两大品牌之一,那么你的品牌在竞争中就几乎无坚不摧。

从顾客的角度来想想这一情况。

一个典型的消费者没有时间来比较每个品类中的

所有品牌，但他们知道哪些品牌主导了他们感兴趣的品类。

他们会想，如果几百万的人更青睐 AT&T 和 Verizon，那么这两个品牌一定是通信服务行业中最好的选择。

回顾历史，美国曾经有三个大型电气公司：通用电气（General Electric）、西屋电气（Westinghouse）和阿利斯查默斯（Allis-Chalmers）。

右图是三大公司 1954 年的销售额。

15.65 亿美元
10.19 亿美元
4.92 亿美元

看看这些数字，你能预测在接下来的几年会发生什么吗？

1987 年，最小的公司阿利斯查默斯破产。西屋电气如今是东芝下属的一家原子能公司。通用电气如今的市值是 1120 亿美元。

阿利斯查默斯是最薄弱的第三品牌，它的衰败并不令人惊讶，但西屋电气为什么会这样呢？

因为商业走向了全球化。这就是发生在西屋电气身上的事。如今，很多品类都成了全球性的品类，不再是国内的品类。

我们仍然有两大工业电气公司巨头。一个在美国，一个在德国。以下是它们 2017 年的销售额。

- ▶ 通用电气：1221 亿美元。
- ▶ 西门子：980 亿美元。

二元性并不意味着相等。几乎没有哪个市场的两大领导者是相等的。领导品牌总能明显领先于第二品牌。

在全球市场，可口可乐明显领先于百事可乐，为什么会这样？

因为两大主导品牌中的一个总是被认知为是"领导者"，另一个被认知为是第二品牌。

猜猜大部分顾客会倾向于购买哪个品牌？没错，领导品牌。

这就是为什么很多第二品牌会降低它们的价格来维持市场份额。降低价格的同时也降低了公司的净利润率。

在过去 10 年中，百事可乐公司的净利润率为 10.2%，可口可乐公司的净利润率为 17.9%。

对第二品牌来说，通过低价来竞争是一把双刃剑。这么做或许能提升销售，但同时也强化了第一品牌的领先地位。

当顾客看到两个品牌陈列在一起时，那个售价更高的领导品牌会被认为具有"更好的质量"。

如果第二品牌的产品更好、营销策划更好、广告投放更好呢?

毫无影响。因为顾客的认知大于事实。

在美国,啤酒是一个历史悠久的成熟品类,有很多品牌参与激烈的竞争。

啤酒行业每年的广告投放超过20亿美元。这个品类是脱离了定位理论重要原则的一个很好的研究案例。

右图是五大领先的啤酒品牌的市场份额:①百威淡啤(Bud Light);②库尔斯淡啤(Coors Light);③百威啤酒(Budweiser);④米勒淡啤(Miller Lite)和⑤科罗娜(Corona)。

回顾历史你会发现百威啤酒曾是连续44年的领导品牌。

之后到1972年,米勒推出了第一款淡啤。起初它的品牌名就叫"清淡的(Lite)",后来为了避免混淆更改为"米勒淡啤"。

每个新的品牌都需要两个名字:一个品牌名,一个品类名。米勒试图将二者合一,从而犯了错(Lite和Light同音,后者即表示"清淡"),这一错误导致米勒公司错过了主导啤酒品类的机会。

第二个错过主导啤酒品类机会的公司是库尔斯。在米勒淡啤推出的几十年前,库尔斯就已经在美国西部出售清淡的啤酒产品。

在它的酒瓶和罐装包装上都有一句口号:<u>美国精酿淡啤</u>(AMERICA'S FINE LIGHT BEER)。

我们曾多次建议库尔斯公司的管理层用另一句传播口号在全国推广其库尔斯品牌:淡啤开创者。

目标是将库尔斯打造成淡啤中的领导品牌,使米勒淡啤成为"模仿者"。但库尔斯的管理层没有这么做。相反,在1978年,他们推出了库尔斯淡啤。这是一个错误。

4年之后,百威啤酒推出了百威淡啤,是最后一家推出淡啤产品的公司。如今,百威淡啤是美国领先的啤酒品牌,市场份额是第二品牌库尔斯淡啤的两倍。

我们不断在书中重复谈到产品线延伸的危害。几乎每个新品类都是由新品牌主导的,而不是延伸品牌。

但是啤酒行业除外。为什么?因为没有一个主流啤酒企业愿意启用一个新的"淡啤"品牌。

如果品类中的每个主要品牌都是延伸品牌，那么延伸品牌会成为领导者。在啤酒行业，逻辑上来看，一个领先的常规品牌（百威）的延伸品牌会成为市场领导者。

再来看看美国市场的家用电池行业。

永备（Eveready）是这个品类中的第一个品牌，于1905年推出市场，这个企业发明了碳锌电池。永备主导了这个品类。

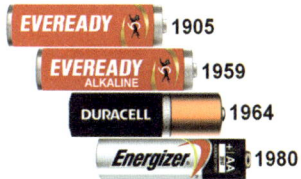

之后，永备发明了一种新型电池，碱性电池，寿命是碳锌电池的两倍。1959年，为了利用这一新发展的优势，永备推出了延伸品牌，永备碱性电池。

这是个错误。永备本应该使用一个新的品牌名，用以区分永备碳锌电池和新的碱性电池。

5年之后，马洛里公司（Mallory）就这么做了，他们用一个新的品牌名推出了碱性电池——金霸王（Duracell）。金霸王最终成为家用电池的第一品牌。

1980年，永备公司终于意识到错误，推出了自己的碱性电池新品牌劲量（Energizer）。

劲量得到了大规模的广告支持，通过一个策划获得了大量的关注。《广告时代》杂志将这一策划评选为20世纪第34佳广告策划。但是，劲量没能超越领导品牌。在品牌推出的54年之后,金霸王仍然是市场领导者。好的定位战略胜过好的广告策划。

如果你的品牌是新品类中的第一个品牌,那么为什么要用一个延伸品牌来冒险?只有品类中的其他品牌也在使用延伸品牌时,这个做法才有可能奏效。为什么要冒险呢?启用一个新品牌吧。

产品线延伸还存在另一种危险。每个产品线延伸都会从核心品牌上夺走一部分生意。比如,百威啤酒在过去连续28年中每年都在丢失市场份额,这一下滑态势还将持续。

库尔斯淡啤夺走了库尔斯常规啤酒的生意。米勒淡啤夺走了米勒公司常规啤酒品牌米勒高品质生活(Miller High Life)的生意。

如果你认同二元性,那么有一些原则你需要遵循。

原则之一是尽早进入"游戏"。优步网约车服务在美国成立于2009年3月。来福车直到2012年6月才进入市场,比优步晚了3年零3个月。

来福车会超越优步吗?

没有机会。你无法在竞争对手领先3年多的情况下还期望打赢这场商战。

目前,优步的营业额是来福车的5倍多。

这一差距有可能会缩小,但来福车的总营业额要超越优步也几乎没有可能。

另一个需要遵循的定位原则是在与领导品牌竞争时要避免多品牌。从长期来看,一个品类中只有两个主要品牌的空间,一个是领导品牌,另一个,希望是你的一个品牌。

再来看看啤酒行业。

如今,库尔斯淡啤和米勒淡啤都被同一家公司所有,米勒库尔斯公司(MillerCoors)。

既然在顾客的心智中,除了领导品牌之外,只有一个品牌的空间,那么为什么还要在两个品牌上浪费资源?如果我们是米勒库尔斯公司,那么我们会把集中资源打造其中一个品牌。

我们会选择库尔斯淡啤,因为在米勒淡啤逐渐丢失市场份额的时候,库尔斯淡啤的市场份额不断增加。在2009年,库尔斯淡啤超越了米勒淡啤。同时要注意的是,美国第五大啤酒品牌科罗娜拥有6%的市场份额。

是什么让科罗娜取得了成功?是视觉锤,我们会在下章中展开介绍。

如果每个品类最终会由两个品牌主导,你或许会想,为什么互联网上不是这样的?

在互联网领域里，每个品类只存在一个主导品牌的空间。搜索引擎中的谷歌、社交媒体中的Facebook、信息传送中的微信、短博客中的微博。

考虑一下一个实体店和网上零售店的区别。在实体店，每个品类都有几个品牌可供顾客选择。在长期的竞争之后，两个品牌会主导一个品类，原因已经在本书中阐明。

互联网的世界则不同。不同于实体店，顾客在网上无法轻易地从一个网站切换到另一个，并从中考虑更喜欢哪一个。

针对一个品类，顾客一旦开始使用某个网站，就不太会花费时间和精力切换到其他网站。在互联网的世界里，赢者通吃。这就是为什么成为第一个进入新品类的品牌尤其重要。

你在心智中胜出了。但心智的空间并不足以容纳数千个竞争同一定位的品牌。

这就是为什么几乎每个品类最终都会由两个品牌主导，一个领导品牌和一个强势的第二品牌。

在互联网上，只有一个领导品牌。

运用定位战略可以确保你的品牌不会在争夺顾客心智的战争中迷失方向。

要把一个字眼植入心智，最好的方法是先选择一个能够被视觉化的词。然后使用这一视觉将这个字眼植入心智。

第 9 章 · 视觉锤

1981 年出版的首版《定位：争夺用户心智的战争》一书中从未提及图像或视觉的概念，只有语言和文字，而定位的目标是在顾客和潜在顾客的心智中占据一个字眼。

比如宝马的"驾驶"、沃尔沃的"安全"、奔驰的"声望"。

在 21 世纪仍然如此。每个负责产品定位的策划都应该尝试在顾客和潜在顾客的心智中占据一个字眼。

但是心智并不是一个单一体。心智包含了左半脑和右半脑两个部分，这两个部分通过胼胝体和大量的神经纤维连接在一起。

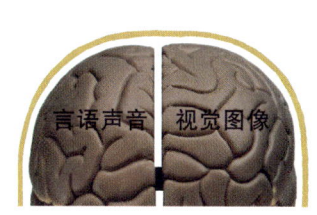

但左右两个半脑并不完全等同：左半脑处理言语声音，右半脑处理视觉图像。

同时，你的情感也产生于右半脑。举个例子，孤独通常由右半脑缺陷导致，一个严重的孤独症患者通常缺少多数情感认知。

情感就像胶水一样，会让一些概念长久地存在于人的记忆中，长达数年甚至数十年的时间。回想一下你的过去，有什么事情是令你印象最深刻的？是那些让你心跳加速、血压升高的事情。例如你从大学毕业的那一天，你结婚的那一天，或者你出车祸的那一天。

视觉具备情感力量，而语言词汇和声音则不能。让我们来观察一下在影院看电影的观众，他们有时会放声大笑，有时甚至会落泪哭泣。

再观察一下正在看小说的人，也许电影就是根据这部小说改编的，但你几乎不会看到读者产生任何外显的情感迹象。

然而很多人认为文字和视觉是对等的。比较一下文字"婴儿"和一个婴儿的图像。

对于同一个信息，当心智通过两种不同的途径获取信息时，产生的效果就存在很大的差异。

婴儿的图像几乎能够被右脑立刻认知到，文字"婴儿"则不能。

文字"婴儿"首先被右脑抓取为文字形象，之后这一形象被传输到左脑翻译成声音。

这个过程需要时间和精力。

《定位：争夺用户心智的战争》一书本该探究这两大半脑之间的关系，尽管在当时这仍然是一个相对新颖的概念（罗杰·斯佩里（Roger Sperry）因他的割裂脑实验获得了1981年的诺贝尔生理学或医学奖）。

要把一个字眼植入心智，最好的方法是先选择一个能够被视觉化的词。然后使用这一视觉将这个字眼植入心智。

宝马就是这么做的。在宝马的电视广告中，快乐的车主在弯曲的道路上开着宝马汽车，广告口号就是"终极驾驶机器"。

终极驾驶机器

这些视觉将"驾驶"这一概念植入了潜在顾客的心智。

然而，假设宝马决定聚焦于"性能"而非"驾驶"，情况会如何。

一些汽车行业的专家会更青睐"性能"，因为这是一个更大的概念。性能包括了加速、刹车、驱动和其他的特性。但是，从定位理论的角度来说，性能这个概念无法视觉化。

如果你注意到营销策划中使用的很多口号，你就会发现大部分用词都无法被视觉化。

比如：先进的、更好、关爱、自信、富有创造力的、关注顾客、以顾客为导向的销售人员、持久的、赋能、超常的、令人兴奋的、友好的、更可靠、高转售价值、想象、创新、启发的、更少故障、续航更久、低价返修、热情的、完美、有力的、精密的、质量、科学的、无接缝的、解决方案、英勇的、最先进的技术、成功的、转变、无限的、有价值的、世界级服务。

可口可乐是第一个可乐品牌，曾多年使用"正宗货"作为口号来区隔它的竞争对手百事可乐。

但是这一口号的效力在可口可乐使用了它复古的曲线瓶这一视觉图像后才被极大地提升了。

它的瓶子就是把"正宗货"这一语言的螺丝钉锤入顾客心智的锤子。

想要让你的潜在顾客记住你的口号的最好的方法，就是使用一个视觉扩大定位口号的情感影响。

建立起品牌的并非视觉锤，而是被视觉锤强化的

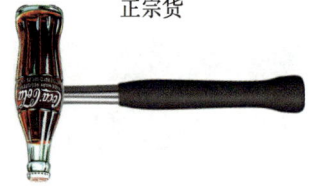

正宗货

字眼，但是当文字与视觉锤协同起来时，文字就变得更有力量。

从本质上而言，你正在同时吸引潜在顾客的左右两个半脑。

随着业务全球化的趋势日益明显，你将看到在定位的过程中，视觉相比于语言文字更能产生强大的影响。因为视觉不需要任何翻译，就能够跨越语言边界，而这会让你的品牌在通行数百种语言的世界中时拥有巨大的优势。

肯德基（KFC）如今是中国最大的快餐连锁品牌，分店超过5000家。

对大多数中国人来说，KFC三个字母没有任何含义，但人们都知道桑德斯上校是一位有名的美国人，而且创立了领先的炸鸡品牌。

商标不是视觉锤。全球几乎每个品牌都有一个视觉商标。右图是美国6个最大的汽车品牌的商标。

大多数美国人看到这些商标就能认出每个品牌，但这些商标除了品牌的名字之外，不代表任何言语上的概念。

我们通过研究发现，超过90%的品牌都使用商标，但只有不到1%的品牌具备视觉锤。

这是一个被错失的机会,特别对那些想要进入全球市场的品牌而言。

以科罗娜为例,它是一个想要进入全球市场的墨西哥啤酒品牌。科罗娜在进入美国市场时启动了一个定位计划,进口商用了一个非常好的视觉概念。他们把一片青柠放到了啤酒瓶口,把这个品牌与墨西哥关联起来(青柠在墨西哥非常流行,在美国并不流行)。

青柠片成了一个视觉锤,它传递出一个信息,科罗娜是正宗的墨西哥啤酒。

来自荷兰的喜力啤酒(Heineken)曾连续65年占据美国进口啤酒市场的第一名。后来科罗娜进入美国,如今科罗娜的销量超越喜力120%。

在打造品牌的过程中,视觉几乎总是比言语概念更有效。但并非所有的视觉元素都能达到这个效果。

比如喜力在瓶子和罐子上画了一颗红色五角星,但是一个从美国境外进口的啤酒上的"红五星"要表达什么意思呢?顾客可能会感到困惑。

大多数美国人都把红五星与俄罗斯联系起来,但这个国家并不是以啤酒闻名的,因此红五星不过是一个被浪费的视觉元素。

另一个在美国市场取得成功的进口啤酒品牌是来

自比利时的时代啤酒（Stella Artois）。

相较于普通的玻璃杯，时代啤酒选用了更能象征啤酒品质的"圣餐杯"来作为容器。

时代啤酒的进口商给酒吧和餐厅提供它独特的、杯口镶金的圣餐杯。

如果喜力能用一个类似的视觉锤，那么这个品牌或许仍可以是美国进口啤酒的第一品牌。

颜色有时也可以是一个有效的视觉锤。

克里斯提·鲁布托（Christian Louboutin）是一位法国设计师，他设计的女鞋常年排在奢侈品协会"最具名望女鞋"的第一名。

1992年，他给一只鞋子的鞋底刷上了红色的指甲油，因为他觉得这只鞋子缺少能量。

他说，这一举动太成功了，这就成为永久的配置。最终，红色的鞋底建立起鲁布托这一现象级的成功品牌。

在职业高尔夫的世界里，有四个主要的锦标赛：①美国公开赛；②英国公开赛；③美国职业高尔夫球协会冠军赛；④名人赛。

前三个是由主流高尔夫组织机构运营组织的，名人赛是由一个私人俱乐部奥古斯塔国家高尔夫俱乐部

（Augusta National Golf Club）主办的。每年名人赛获得的关注比其他任何锦标赛都多。

其中一个原因就是组委会授予名人赛冠军的那件绿夹克。

比赛的传统是前一年的冠军为本届冠军穿上他的绿夹克。左图是泰格·伍兹（Tiger Woods）为菲尔·米克尔森（Phil Mickelson）完成这一仪式的场景。

1934年，霍顿·史密斯（Horton Smith）成为第一位名人赛冠军，他的绿夹克后来以68.2万美元的价格被拍卖。

南希·布林克尔（Nancy Brinker）为了纪念她因乳腺癌去世的姐妹苏珊·科门（Susan G. Komen），发起了支持与乳腺癌斗争的基金，并创造了粉红丝带。

自1982年起，苏珊·科门乳腺癌防治基金会已经筹到了超过20亿美元的捐款。

如今，它是全球最大的非营利乳腺癌防治基金。

近期的一项针对非营利慈善品牌的调研显示，苏珊·科门乳腺癌防治基金是"人们最愿意捐献"的基金品牌。

万宝路香烟使用了牛仔作为视觉锤。

在万宝路推出市场的那一年，美国有五个知名的烟草品牌：好彩（Lucky Strike）、骆驼（Camel）、云丝顿（Winston）、菲利普莫里斯（Philip Morris）和契斯特菲尔德（Chesterfield）。

如今，万宝路是美国市场上遥遥领先的香烟品牌，销量超过市场同期13个品牌的总和。它也是全球销量最大的香烟品牌。

在万宝路之前，所有的香烟品牌都是"男女皆宜"的，同时针对男性和女性营销。

牛仔的形象传达了万宝路是男子气的香烟，这也是一个体现聚焦的力量的好例子。

拉夫劳伦通过马球运动员的形象，来传达品牌的高档特征。如今，拉夫劳伦是全球最大的服装品牌之一，年销售额达到67亿美元。

它的成功说明了夸张的视觉锤通常有效，而夸张的言语则很难奏效。

"拉夫劳伦是马球运动员穿的品牌"这样的语言表述对普通人来说毫无意义。

但是，表达同一意思的马球运动员的视觉元素就是一个有力的工具。它传达的是拉夫劳伦是一个高档

品牌，是这个品类的领导品牌。马球或许是继帆船运动之后，世界上最烧钱的运动，基本上都是百万富翁和皇室贵族在玩。

纯果乐（Tropicana）是美国领先的橙汁品牌。这个品牌使用了一个吸管插进橙子的视觉图像来说明纯果乐果汁来自真正的橙子，而非浓缩饮料。

你或许会想，把吸管插进橙子，可是吸不出橙汁。没错，但视觉具备情感的力量，无论它是否符合事实。尽管纯果乐的价格相对较高，但它仍然是橙汁品类的领导品牌，占据大约 30% 的市场份额。

如果你能把你的产品设计得自带视觉锤，那么你就在全球市场上拥有了一个巨大的优势。

对于开发利用这一优势，没有品牌比瑞士手表劳力士做得更好了，它独特的表带就是视觉锤。

劳力士表带是一个身份象征，在顾客心智中，它是豪华表的领导品牌。

交通信号灯是能说明视觉力量的另一个例子。试想一下，如果我们的信号灯用的是文字而不是视觉颜色会有什么后果。

如果信号灯显示的是：停、注意、行，那么路上的交通事故率或许会翻倍。

当司机看到红色信号灯,他们会立刻开始刹车。如果司机看到的是文字"停",那么在刹车之前,他们首先要把这个文字形象从右脑传输到左脑。

这个过程需要耗费一点时间,所以事故率就会提升。

为什么有那么多品牌都只用了言语文字,而忽视了视觉?这毫无意义,因为视觉才能更迅速地进入人的大脑。此外,它们还包含了文字所不具备的情感内容。

著名的设计师米尔顿·格拉瑟(Milton Glaser)要为纽约设计一个广告。他在白色的背景上设计了手写体的"I Love New York"(我爱纽约)。

他的设计很快就通过了。格拉瑟说:每个人都喜欢这个设计。

但是他有了另一个想法,并最终构思出了全球模仿率最高的图形艺术(见右图)。

这两个设计都表达了同一个意思,但用了红心的这一设计包含了情感。

为什么没有更多的品牌使用视觉锤?因为它们找不到视觉锤。除非一个品牌本身有精准的聚焦,否则它几乎不可能找到一个能够传达某个具体含义的视觉锤。

联想这个品牌能用什么样的视觉锤呢?这个品牌涵盖了笔记本电脑、台式电脑、平板电脑、工作站和智能手机多个品类。

雪佛兰这个品牌能用什么样的视觉锤呢?这个汽车品牌涵盖了低价车、豪华车、跑车、SUV和卡车等多个品类。

如果视觉比文字更有力,那么也应有方法能让你的文字更有影响力,那就是"语言意象"。

文字可以分为两种,一种是本身暗含了视觉的文字,另一种是本身没有暗含视觉的文字。

比如"高山"这个词。当你看到或听到"高山"这个词时,它会同时刺激你的两个半脑——负责语言的左半脑和负责视觉的右半脑。

高山

当你使用"高山"这个词的时候,就是加倍了信息对你的影响。

如果你用的是"高地",那么尽管这个词可能表达的意思和"高山"一样,但它不会对你的顾客和潜在顾客产生一样的影响。

好的作家和记者频繁使用能够视觉化的词。当商业界或政界一位位居高职的名人退休时,他们不会写"退休",他们会写"下台"。

当你读到"下台"时，左脑理解这个词，右脑同时会描绘出一幅有人从舞台上走下来的景象。

概念越抽象，它就越可能用无法暗含视觉的词表述；概念越具象，它就越可能用能够视觉化的词表述。

"自信驰骋"（Confidence in Motion）是斯巴鲁传播了多年的营销口号，暗示品牌在四驱车品类中的主导地位。

但是"四驱车领导者"会是一个更好的口号。

你能够把"四驱"视觉化，但你如何把"自信驰骋"视觉化呢？

小凯撒（Little Caesars）用"两个比萨，一个的钱"（Two pizzas for the price of one）这一口号建立起一个成功的比萨品牌。他们本可以说"比萨半价"，也是同样的意思，但是后者无法关联出视觉图形。

两个比萨，一个的钱

一旦消费者熟悉了"两个比萨，一个的钱"这一口号，小凯撒就把它简化成"比萨，比萨"（Pizza, Pizza）。

"比萨，比萨"这个口号将小凯撒打造为成功的连锁品牌。

国家也可以有视觉锤。中国的长城是世界上最有影响力的国家视觉锤之一，几乎每个到中国的游客都想游览长城。

其他有影响力的视觉锤包括：法国的埃菲尔铁塔、埃及的金字塔和印度的泰姬陵。

企业通常会面临要在两个品牌名之间做选择。

一个品牌名或许看起来比另一个更好，但前者无法关联一个视觉，而后者可以。

那么我们的建议是选择第二个品牌名，就是那个可以关联视觉的名字。

正所谓：一图胜千言。

对于定位口号来说也是如此。它由几个词汇组成，没有了词汇之间的彼此关联，这些词汇就很难被人们记住。

第 10 章 · 难忘的口号

自《定位：争夺用户心智的战争》一书出版以来，我们对人类心智的运转规律做了更多的研究。

由于定位的目标是"在心智中占据一个字眼"，因此当发现词汇并不会存在于心智中时，我们着实大吃一惊。我们意识到，能存在于心智中的只有声音。

人类的大脑在阅读词汇或听到词汇的声音的过程中，能将这些词汇以"声音"的形式储存于大脑中。

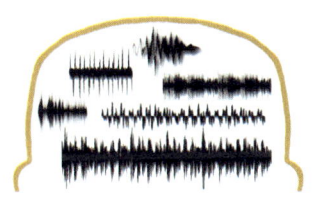

心智中的一句口号只不过是收集了一串声音，就像大脑中的音乐也只是收集了一串声音。

但音乐不是不同声音的任意组合。

令人难忘的音乐是由互相关联的声音串在一起构成的。

这些关联组成了音乐片段的"旋律",没有旋律,音乐片段就很难被人记住。

对于定位口号来说也是如此。它由几个词汇组成,没有了词汇之间的彼此关联,这些词汇就很难被人们所记住。

有些口号的生命力之久,确实是令人难忘。

法国大革命发生在200多年以前,然而至今仍然有很多人能想起那句口号。

对比之下,美国独立战争的口号,(可别取笑我)人们已经几乎想不起来了。

要创造一句能够扎根在心智中的口号,你要用到以下5大记忆强化方法中的一个:押韵、头韵、重复、反转和双关。

(1)押韵。这是增强记忆度的第一个技巧。法国大革命的口号"自由、平等、博爱"(Liberté. Égalité. Fraternité)很容易被人记住,因为这三个词的法语词尾都是押韵的。

葡萄酒行业里比较容易记住的口号是这一句:一日无红酒等于一日无阳光(A day without wine is like

a day without sunshine，原句中 wine 与 sunshine 押韵）。尽管没有任何理由相信葡萄酒比其他酒精饮料更健康，但这一口号使得葡萄酒在所有酒精饮料里的名声最好。

一日无红酒等于一日无阳光

同样的，很多人相信所有水果蔬菜中最健康的就是苹果。这受益于 20 世纪 20 年代的一家伦敦广告公司 Mather & Crowther 为推广苹果策划的口号：每天一苹果，医生远离我（An apple a day keeps the doctor away，原句中 day 与 away 押韵）。

每天一苹果，医生远离我

他们创造的这句口号将苹果打造成健康水果。直到今天，还是有很多人记得"每天一苹果"的口号。

原因之一就是押韵的力量，使用这五个技巧之一能提升定位口号的记忆度。

每一年圣诞季的时候，很多汽车生产商都会做特卖。雷克萨斯是在每年的汽车特卖季上被最多人记得的品牌。

雷克萨斯的口号是"铭记 12 月"（December to remember，其中 December 与 remember 押韵），它的车上还会装上红色的礼花结。

铭记 12 月

在美国，咖啡是最流行的饮料，而不是茶。

第二品牌福杰仕（Folgers）用一个简单的押韵口号，超越了市场长期的领导品牌麦斯威尔（Maxwell

House)。

"早晨醒来最美好的事情就是杯子里的福杰仕咖啡"（The best part of waking up is Folgers in your cup，其中 up 与 cup 押韵）。

早晨醒来最美好的事情就是杯子里的福杰仕咖啡

福杰仕如今占据咖啡市场 30% 的份额，麦斯威尔位居第二，有 14% 的市场份额，星巴克第三，只有 10% 的市场份额。

尽管消费者全天都会喝咖啡，但福杰仕聚焦到了早餐咖啡，才创造出了这句押韵的口号。

这是很多有效的定位口号被创造出来的方式。要找到一句容易被记住的口号，你通常需要缩窄你的焦点，聚焦到某个具体的事物上。

（2）头韵。这是增强记忆度的第二个技巧，每个词的开头都使用相同的字母或发音。

举个例子，M&M 这个糖果品牌不仅品牌名是头韵，它同时也用了一句押头韵的口号。

"只融在口，不融在手"（Melts in your mouth, Not in your hand）。

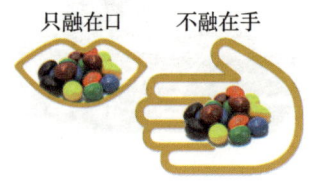

只融在口　　不融在手

M&M 是全球销量第 8 的糖果，相比于销量超过它的其他 7 个糖果品牌，它拥有一个非常有竞争力的优势。

其他 7 个品牌都是巧克力包裹的糖果，它们会在手里融化。

1965 年，美国联合航空公司启用了一句新的口号，飞上合众国友好的蓝天，不仅押头韵，同时押尾韵[一]。

飞上合众国友好的蓝天

这条口号诞生于 50 多年以前，美国联合航空公司至今仍然在使用由"友好的蓝天"（friendly skies）变化而来的系列口号。

任何一句能够流传几十年甚至更长时间的口号，通常都包含了一个或几个本章节中谈到的增强记忆度的技巧。

另一个卓越的命名策略是"与品类名押头韵"，即选择一个能够与品牌所在的品类名押头韵的名字。

这 6 个品牌名都与其所在的品类名押头韵，同时也是它们所在品类中的领导品牌：可乐中的可口可乐[二]、金酒中的哥顿[三]、果冻中的吉露[四]、蜡笔中的绘儿

[一] Fly the friendly skies of United 一句中，fly 与 friendly 押头韵，fly 与 skies 押尾韵。——译者注

[二] Coca-Cola 品牌名与 cola 品类名押头韵 co。——译者注

[三] Gordon's 品牌名与金酒的 gin 品类名押头韵 g。——译者注

[四] Jello-O 品牌名与 geletin 品类名第一个音节发音相同，押头韵。——译者注

乐①、游艇中的嘉年华②、豆子食品中的Bush's③。

与品类名押头韵非常有效的一个原因就是消费者在购买任何品牌之前，他们首先决定的是要购买什么品类。

头韵能把品牌名在消费者的心智中与品类牢牢关联在一起。当消费者选择了一个品类之后，想到的第一个品牌名很有可能是与品类名押头韵的那个词。

迪士尼在其各个卡通形象身上就大量运用了头韵的技巧，最出名的有三个：米老鼠、米妮和唐老鸭④。

很多著名的电影明星都使用押头韵的名字，举几个例子：罗纳德·里根（Ronald Reagan）、Marilyn Monroe（玛丽莲·梦露）、Robert Redford（罗伯特·雷福德）、Doris Day（多丽丝·戴）、Brigitte Bardot（碧姬·芭杜）、Charlie Chaplin（查理·卓别林）、Sylvester Stallone（席尔维斯特·史泰龙）。

---

① Crayola品牌名与crayons品类名第一个音节发音相同，押头韵。——译者注
② Carnival品牌名与cruises品类名押头韵，发音均为k。——译者注
③ Bush's品牌名与beans品类名押头韵，发音均为b。——译者注
④ 在它们的英文名Mickey Mouse、Minnie Mouse和Donald Duck中，两个词的首字母都相同。——译者注

很多著名的品牌也使用押头韵的品牌名，这里有6个例子。

一个押头韵的品牌名，再加上一句押韵的口号，就会变得非常有力量。

例如，品牌名：Roto Rooter，口号：把烦恼冲进下水道。⊖

Roto Rooter 是美国领先的下水道清洁服务品牌。

（3）重复。这是第三个增强记忆度的技巧。它特别有效，因为几乎每个品牌都能通过重复表达而变得更强大。

沃尔玛仅仅是重复了一个词"天天"（always）就有了一句难忘的营销口号"天天低价，天天"（Always low prices, Always）。

24年之前，盖可（Geico）只占美国汽车保险市场2%的份额。如今，这个公司已经排名第二，占据11%的汽车保险市场份额。

在这24年里，盖可持续不断地使用了一句很长的口号，不断重复数字"15"。

花费15分钟给盖可打一个电话，你的车险可以

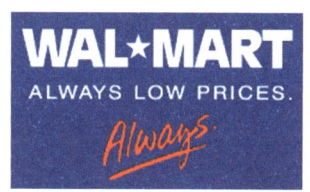

花费15分钟给盖可打一个电话，你的车险可以节省15%

⊖ 在 Away go troubles down the drain 中，away 与 drain 押韵。——译者注

节省 15%。

盖可同时还使用了一个小壁虎的视觉形象，帮助人们记住盖可这个名字。[一]汽车保险是一个低关注度品类。只有几十年耐心地使用同一个定位概念才有可能胜出。

棒约翰（Papa John's）通过在口号中重复"更好"一词成为美国领先的比萨连锁品牌之一。

更好的馅料，更好的比萨

重复在另一方面也帮助了棒约翰品牌。这个公司使用"更好的馅料，更好的比萨"口号长达 23 年。[二]

在美国，市场上有很多人工甜味剂。该行业的领导品牌 Splenda 有一句难忘的口号。它就运用了重复这一技巧创造了一句大多数人都能记住的口号，如左图所示。[三]

从糖来所以像糖味

在 5 个技巧中，重复是最未被充分利用的那一个。

我们认为原因或许在于营销界总是肩负着巨大压力，想要创造出简短、简短、再简短的口号。

在最近针对 1181 个营销口号做的一次研究中，我们发现平均每个口号只有 2.9 个单词。然而，我

[一] 在英文中壁虎 gecko 与盖可的名字 Geico 发音相近。——译者注

[二] 里斯先生曾为棒约翰提供战略咨询，并帮助其发展出这一口号。——译者注

[三] 英文原文为：Made from sugar so it tastes like sugar。——译者注

们的经验告诉我们，口号越长反而越有效。就像Splenda的口号有8个单词，盖可保险的口号有12个单词。

（4）反转。这是增强记忆度的第五个技巧。在英语文学中，最为人所熟知的句子大概要数400多年以前莎士比亚在他的《哈姆雷特》中写下的那一句。

<u>生存还是毁灭。</u>

这是哈姆雷特沉思死亡，为生命中的苦痛和不公恸哭，但意识到二者择一或许更痛苦时的一句独白。

中国古代哲人说的很多名言也都用了反转技巧。

▶ 知之为知之，不知为不知，是知也。

▶ 授人以鱼不如授人以渔。

▶ 世上本无事，庸人自扰之。

▶ 君子怀刑，小人怀惠。

几乎每个最佳小说榜单上都会有列夫·托尔斯泰的《战争与和平》(*War & Peace*)。这本书的书名就是一个简单的反转。

全书用史诗般的规模，详细地刻画了拿破仑入侵俄国的事件和拿破仑时代给俄国社会造成的巨大影响。

效力强到男士也够用，但本品专为女士设计

很多品牌都是通过使用反转式的口号建立起来的。最为成功的一个是 Secret 止汗露的定位策划，它使这个品牌成为领先的女士止汗除臭剂品牌。

它的反转式口号是：效力强到男士也够用，但本品专为女士设计。

百达翡丽是全球销量最大的超豪华瑞士手表品牌，成立于 1845 年的瑞士日内瓦，这个公司是唯一一个至今仍然在城市中经营的家族钟表制造商。

它成功的原因之一是它早在 22 年之前就使用的定位口号："没有人能真正拥有百达翡丽，只不过为下一代保管而已。"

没有人能真正拥有百达翡丽，只不过为下一代保管而已

百达翡丽本可以说"这是一生一块的手表"，但这句口号不如"没有人能真正拥有百达翡丽"更有情感的吸引力。

士力架是全球销量最大的巧克力棒，它的口号非常短，但它有一个强有力的定位战略——成年人的巧克力棒。

一般来说，巧克力棒是给孩子吃的，因为这个产品看起来就不是给成年人吃的。但是士力架反转了思路，打造了一个主导品牌。

全球销量第二大的巧克力棒也用了一个反转的口号。

这个品牌就是 Reese's，它是用巧克力和花生酱做的。

于是就有了一句难忘的口号，一个句子里同时用了"美味"(great tastes)和反过来的"味美"(taste great)。

两种美味合成味美

另一个很好地运用了反转口号的例子是一款捕杀蟑螂的产品设计的口号。

该品牌将上述三点结合起来打造了这个品牌。①品牌名 Roach Motel（蟑螂旅馆）；②显示蟑螂往里爬的视觉锤；③口号：蟑螂只进不出。

另一个为品牌建立起领先地位的口号是柏杜鸡（Perdue chicken）的那一句。

1952年，弗兰克·柏杜（Frank Perdue）成为鸡肉处理企业柏杜农场公司（Perdue Farms）的总裁，这个企业当时的营业额是600万美元。

硬汉也能做出鲜嫩鸡肉

2005年，弗兰克去世的时候，这个企业的雇员达到了19 000人，营业额为28亿美元。

在那53年里，弗兰克一直是这个品牌的代言人。他的光头和大鼻子让他看起来很有特点。

它的口号是："硬汉也能做出鲜嫩鸡肉"(It takes a tough man to make a tender chicken)。

"我做的鸡肉比你做的好吃。"他在 200 多个电视广告中这么告诉他的顾客。

反转可以帮助很多品牌变得容易被人记住。露华浓（Revlon）在推出它的冰与火（Fire & Ice）唇膏之后成为成功的化妆品公司。

美国的一个摩托车俱乐部在给自己起了一个令人震惊的名字之后变得很出名：地狱天使（Hell's Angels）。

里诺是美国内华达州一座有 245 000 名居民的城市，在自称"全世界最大的小城市"之后，这个城市就出名了。

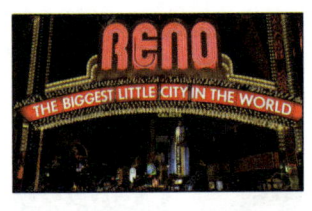

里诺是全世界最大的小城市吗？当然不是。

这个概念实际上没什么意义，但它会奏效是因为人们记住了这个名字——里诺，以及它的定位"全世界最大的小城市"。

像这样的定位概念之所以有效，是因为它们很独特、与众不同。因为它们的独特性，没有其他品牌会用相似的概念，这只会让其他品牌被认知为是"模仿者"。

（5）双关。这是第五个增强记忆度的技巧，也许也是所有技巧中最有效的一个。

美国领先的营销期刊《广告时代》杂志将哪一句口号评选为 20 世纪最佳口号？

是戴比尔斯集团在 1938 年启用的"钻石恒久远"（A diamond is forever）。

启用该口号的 3 年之后，美国的钻石销量增长了 55%。

钻石恒久远

钻石是地球上最坚硬的物质，它可以存在很多年。一枚钻石戒指也象征着爱情的永存。双关可以为品牌创造出与顾客之间的情感纽带。

在一个广告人每年都更换口号的时代里，戴比尔斯使用这句口号时间之长久，值得人们的注意。即便这句口号已经有 80 年历史了，但它今天仍然在被使用。

双关之所以可能是提升记忆度最有效的技巧，是因为两个不同的意思在顾客心智中发生碰撞所产生的记忆很难被忘记。

我们的一个客户想要给他们的殡葬服务起一个名字。当有人过世时，他们的服务会帮助死者的家属选择一位葬礼的主理人、一个骨灰盒和其他葬礼上的需求。

我们感觉像"死亡"或者"葬礼"这一类的词，听起来太刺耳了。

此外，我们希望能够为这个品牌找出一个"视觉锤"，能够包含"死亡"这一负面的意思。

我们给出了建议<u>"Everest"</u>⊖，这个名字也是全世界最高的山脉的名字。

<u>当人们想要表达有人"去世"的时候，"ever rest"这两个词（永远、安息）常常被用到。</u>

人们在葬礼上经常会说：我们希望死者能永远安息。

历史最久且最为知名的定位口号之一是美国领先的食用盐品牌莫顿（Morton's）的口号，距今已经有100多年的历史了。

它的口号是：<u>盐如雨下（When it rains it pours）。</u>

盐如雨下

1914年，莫顿启动了一个广告策划，来显示它的盐即使是在下雨的潮湿天气里依然能够保持散粒不结块。

它之所不会结块是因为公司在盐里添加了碳酸镁作为吸收剂成分。"pours"一词有双关的含义，既可以表达"下雨"，又可以表达像雨一样倾倒下来的盐。莫顿的打伞女孩是这个品牌的视觉锤，传达出这个品牌的盐在下雨天依然能倾撒出来。

约翰·迪尔（John Deere）是美国领先的拖拉机

⊖ 西方一般将珠穆朗玛峰称为 Mount Everest，中国一般采用 Mount Qomolangma 的译法。——编辑注

品牌。这个公司自 1876 年开始使用一只鹿作为其品牌的视觉锤。但直到 1971 年，约翰·迪尔才基于视觉锤的优势创造出一句定位口号。

"没有什么跑得比迪尔更快"（Nothing runs like a Deere）成为最具记忆度的口号之一（口号中用的是品牌名 Deere，发音与鹿 deer 相同）。

没有什么跑得比迪尔更快

双关是创造出难忘口号的一个强有力的方法，但很多营销人会避免使用这样的口号，他们会问：鹿这个动物跟拖拉机有什么关系？

记住，心智中并不存在词语，只有声音。鹿（deer）这个词的声音和品牌名迪尔（Deere）发音相同。

因此，这句口号在潜在顾客的心智中创造出了两个视觉形象，一个是正在快速奔跑的鹿，一个是正开得飞快的拖拉机。

鲍勃的红磨坊（Bob's Red Mill）销售包括全麦食品在内的一系列健康食品。为了概括健康饮食的好处，这个公司创造了一句包含双关含义的定位口号。

可以吃的人寿保险

人寿保险是可以从保险公司买到的一项保险类产品，在你去世的时候，保险公司会赔付给你的继承人，而吃对的食物则能让你活得更久。

鲍勃红磨坊的口号是：可以吃的人寿保险（Life

insurance you can eat）。

在你启动一个定位计划时，你要问问自己，<u>我可以通过什么方法让我们的定位更容易被人记住？</u>

然后看看在这几个增强记忆度的技巧中，你能够用哪一个让你的定位变成心智中难忘的口号。

它们就是：押韵、头韵、重复、反转和双关。

在推出新品牌时，要用公关而非广告。如果一个公司同时用了公关和广告，那么广告会给公关带来负面的影响。

第 11 章 · 公关

《定位：争夺用户心智的战争》一书的主要内容是基于广告的作用，这在 20 世纪是进入潜在顾客心智的最佳方法。而在 21 世纪，进入潜在顾客心智的最佳方法是公关，不是广告。

然而，很多营销人士依然坚信广告的力量。他们雇佣广告代理公司来制定品牌的营销战略，主要通过广告投放来推出新品牌。

谷歌在 2016 年 10 月推出它的新智能手机 Pixel 时，投入了几百万美元的广告费用，包括在美国主流报纸《纽约时报》上投放多达 8 页的巨幅广告，但这些广告传递的信息是什么？

"Pixel，一款由谷歌推出的手机"（Introducing Pixel, phone by Google）。

新的谷歌智能手机销量惨淡，它如今只占美国智能手机市场不到1%的份额。

在谷歌推出智能手机9年之后，苹果公司推出了它的第一部智能手机iPhone。当你是这个市场的后来者时，你几乎没有赢的机会，除非你能制造大量的正面公关。

谷歌本该先问问自己：我们的智能手机和其他所有智能手机相比，有什么与众不同的地方？

这个与众不同的地方（或者说它的定位）决定这个品牌代表了什么。在推出新品牌Pixel的时候，这个与众不同的地方才是谷歌应采用的宣传广告标题，而不是它实际使用的那种没有任何有效信息的标题。左图是一个典型的无效标题。

在推出一个新品牌时，机会只有一次。最初的报道几乎总是会引导之后跟进的报道。

如果公关是推出新品牌时的主要工具，那么广告在21世纪的角色是什么？

广告应该用于保持公关传播信息的鲜活度。在公关完成它的主要课题之后，企业应该用广告来不断重复公关所传播的信息的同一概念。

用公关点火，用广告扇风。

在很多案例中，广告应该引用媒体的报道。

我们告诉客户，首先用公关建立品牌，之后用广告来防御竞争。

广告本身具备很小的可信度，甚至不具备可信度，可信度来自媒体对新品牌的报道。

多年前，在《定位：争夺用户心智的战争》一书刚出版的时候，广告还具有很大的可信度，潜在顾客会相信广告中所说的内容。

在打造新品牌的过程中，广告为何会失掉了可信度？原因有两个。

- ▶ 广告的声量已经大大提升。广告越多，单个广告的有效性就越低。
- ▶ 消费者越来越质疑广告的诉求，很难再去说服顾客相信你的品牌比竞争对手的更好。消费者典型的想法就是"所有的品牌都说自己是更好的"。

看到百事可乐"振奋你的世界"(refreshes your world)的广告，消费者会认为百事可乐比可口可乐更好吗？

公关就没有这个问题，因为品牌的信息是由媒体

这一独立的第三方出口传播出去的。

顾客倾向于信任他们在报纸、杂志或电视上看到的报道消息。

在20世纪广告之所以有效是因为"口碑"。研究显示，一则广告每触达一个消费者，他/她会从6～9个朋友、邻居和亲戚那里获取到这个新品牌的信息。

"指碑"

如今，"口碑"已经被"指碑"所替代。越来越多的顾客通过互联网建立彼此之间的联系，而不再是面对面的交谈。因为广告失去了它的可信度，很多顾客对于"基于一个广告"推荐的产品或服务感到不安。

公关比广告更有效还因为它的费用更低。如果20世纪属于广告，那么21世纪属于公关。

这就是为什么大多数成功的新品牌都是通过公关而非广告推出的，比如：谷歌、Facebook、Snapchat、推特、优步和其他很多品牌。

因为社交媒体的兴起，公关策划的有效性得到了很大的提升。如今，平均一个美国人每天有将近两个小时的时间用在YouTube、Facebook、Snapchat、Instagram、推特和其他社交媒体上。

随着年轻人长大，这个数字在未来还会增加。美国的青少年每天在社交媒体上花费的时间是9个小时，这比大多数人睡觉或在学校的时间还长。

相比于在实际生活中与朋友和家人的相处，消费者花在社交媒体上的时间是前者的4倍多。

一个有效的公关策划应该基于"新闻"。你的品牌有什么新颖和与众不同的地方？

这正是消费者在社交媒体上花费时间的原因，是为了找到外面的世界有什么新鲜和与众不同的事情。这使得社交媒体在推出一个新品牌时尤为有效。

但是广告行业的成立并不是为了聚焦在公关上。这个行业由五大全球广告巨头集团主导：WPP、宏盟集团、阳狮集团、日本电通和埃培智集团。

右图是以上5大集团2017年的营业收入，每个集团都有独立的公关业务。

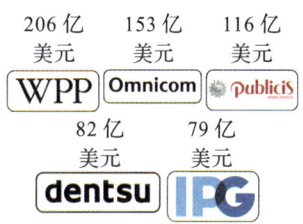

但是广告是它们最主要的业务，公关只占整体营业收入非常小的一部分。

从长期来看，我们相信营销行业需要意识到自身应聚焦于两个独立但重要的分工。①通过公关公司策划推出一个新品牌；②通过广告公司来维护一个既有品牌。

目前，新品牌大多是由广告公司策划推出的。主要的原因是，企业认为要推出一个新品牌需要投入大量的广告预算。

此外，一个新品牌需要广告公司协助提出创新或定位。

多年前，情况确实如此。大多数顾客通过广告获取关于新产品和新服务的信息。

多年前，媒体不会用大篇幅或长时间来报道新的产品或服务。因此，典型的平面广告会用几百词的篇幅来描述新的产品和它的好处。

这是宝马汽车在 1975 年启动新定位战略时的第一个广告：<u>终极驾驶机器</u>。

<u>正如你看到的，这个广告包含了几百个词和五张插图，这在当时非常典型。</u>

如今，你再也找不到超过几十个词的广告了。为什么？消费者很少阅读关于产品信息的广告了。如果他们想要了解关于某个产品或品牌更多的信息，他们会上网。

宝马的"驾驶"计划延续了 35 年。<u>在 2010 年，宝马更改了它的战略，从"驾驶"改为"乐趣"。左图是新主题下的第一则广告。</u>

这则以"乐趣"为主题的广告没有几个词，是当

今大多数平面广告的典型。创意的部分体现在汽车驰骋在画面中的左车道,以传递"驾驶的乐趣来自于左车道(超车道)"的概念。

我们认为,更换战略是一个错误。"驾驶"是一个具体的单一概念,容易被人理解,但"乐趣"不是。

人们获得乐趣有很多种方式,我们相信"开车"对于大多数人来说不是获得乐趣的首选。

在20世纪末,美国领先的营销出版刊物《广告时代》评出了20世纪的100个最佳广告策划。"终极驾驶机器"排名第84位(我们认为它应该排名第一)。

那么《广告时代》评选出的排名第一的广告策划是哪一个?是大众汽车公司在推出甲壳虫车型时的"想想小的好"(Think small)广告。这个广告策划用了15年,直到大众公司推出了更大、更贵的汽车。

这有什么意义吗?我们认为没有,要在几十亿人的心智中建立起一个强大的全球品牌非常困难,除非不得已,否则为什么要更改战略?

顾客仍然会购买"小型"汽车吗?当然会。但是如今,很少有人买大众汽车公司的小型车了。

1968年,大众在美国售出了512 766台甲壳虫汽车。去年,大众在美国销售了7个不同的车型,但总销量只有339 676台。在过去的49年里,美国的汽车销量增长了59%,但是大众汽车销量下滑了34%。

大众汽车曾经占据了"小型车"的定位。但是大众如今占据什么定位?当你用一个品牌名销售7个不同的车型时,要在心智中占据一个单一的定位就不可能了。

大众尝试了很多不同的口号取代"想想小的好"。2008年,大众推出了"Das Auto"的口号,是"这辆汽车"的德文。这一口号一直用到了2016年,之后大众又将口号改为"那时,现在,永远"(Then, Now, Always)。

在顾客的心智中存在着"小型车"的位置,就像也存在着"豪华车""卡车""SUV"等位置一样。但"Das Auto"或者"那时,现在,永远"可以填补哪个位置呢?

公司在创造口号的时候应该试着去填补顾客心智中的某个位置。

对一个品牌来说,没有什么比产品线延伸更具有毁灭性的了。定位是心智中的一个特定的单一概念。当你的品牌涵盖了不同的产品时，就几乎不可能在心智中找到一个能包含所有这些不同产品的位置了，比如7个不同的大众汽车车型。

21世纪，需要对广告和公关在营销中所扮演的角色进行彻底的重新评估。

在20世纪推出大众甲壳虫时广告完成的工作，在21世纪推出特斯拉电动汽车时由公关来完成。

特斯拉几乎不投放广告，然而这个品牌受到的关注度超过了其他任何汽车品牌。

在美国有三大汽车企业：通用汽车、福特和特斯拉。

尽管特斯拉在运营的15年里从未盈利，但它的市值超过了通用汽车，远超福特汽车。

目前，在美国市场上有15个主流品牌的电动汽车。这些品牌中有几个是新品牌？只有一个，特斯拉。

其他14个品牌都是由既有品牌延伸出来的电动汽车。

现在是21世纪，是全球化和超级技术盛行的数字时代。主导着当今世界的不是来自20世纪老品牌的延伸，而是那些全新的品牌：亚马逊、谷歌、

Facebook、特斯拉和iPhone。

在20世纪，在打造品牌的过程中，广告扮演着核心的角色。顾客没有其他选择，如果要不断获取关于新产品和新服务的信息，他们就不得不阅读广告。

今天则不同。信息已经爆炸。打开谷歌，输入任何你可能感兴趣的内容，搜索引擎都会即刻给你反馈。在谷歌搜索中输入"特斯拉"，在不到1秒的时间里，你就能获得2.1亿条信息反馈。

平均每个人的信息接收都已经超载。要在大量的信息中获取有意义的内容，消费者依靠的是他们信任的媒体出口，而不是他们看到的广告，尽管现在已经很少有人会看广告了。

他们只是看看标题，了解大致的信息。

公关是你用来抓住媒体关注的工具。媒体在决定是否报道你的品牌时，他们在寻找什么？

他们寻找的是"新闻性"，即有什么新颖的和与众不同的，一个新品牌自然是新颖且与众不同的。这就是为什么媒体通常会关注那些关于新品牌的报道。

但延伸品牌则未必会获得这样的关注。如果新产品或新服务还没有重要到要用一个新的品牌，那么它也不会有什么值得报道的。

在20世纪，广告打赢营销战，但在21世纪，公关才能打赢营销战。

让普通消费者说出他们记得的一则广告，大多数人说不出一个。

再问问他们记得的新品牌，他们能说出一些：谷歌、Facebook、Twitter、Instagram等。

同时，广告行业应对数字信息爆炸的方式完全错误。

他们没有聚焦于每个推广品牌的单一定位，相反，他们使用数字化工具针对每个潜在顾客创造不同的定位。

这一方法就是所谓的"市场细分"，它是很多企业几十年来的目标。相对于一个目标市场，公司会设立很多目标市场，随后为每个目标市场分别策划广告。

广告正迅速地向数字化转移。从全球来看，数字化广告是一个2090亿美元的产业，占据广告行业整体的41%。电视曾经是最主要的广告媒介，如今体量大约1780亿美元，占据整体广告业的35%。

数字和电视广告加起来占据了76%的营销开支。

数字化
41%

电视
35%

所有的其他营销媒介（广播、报纸、杂志、户外广告和直邮）总计只占24%，而且这些媒介还将持续衰退。

数字广告未来增长的一个主要原因是，在数字时代，市场细分变得更容易了。

运用计算机数据和人工智能，企业能够为每个潜在顾客创造一条独立的信息。这就是为什么美国最大的数字广告公司是一家计算机公司IBM。

针对这个方法，有一种典型的评价：<u>IBM将把广告人性化。它能实现顾客与品牌之间前所未有的一对一关系。</u>

这听起来很棒，但和一个独立品牌建立一对一的关系，是顾客想要的吗？大多数顾客需要的是帮助他们在每个要购买的产品品类中选出最好的品牌。

每天到来的新品牌让这个问题变得更复杂。顾客需要帮助，帮他们把每个新品牌和既有的品牌进行对比评估。

大多数顾客认为他们对既有品牌了解得已经够多了，能引起他们注意的是到来的新品牌或许会替代既有品牌。

由公关而非企业自身提供这一信息，顾客认为由媒体出口的信息更可信。

顾客更关注哪一个？是那些每年在广告上花费几十亿美元的既有品牌，还是那些在媒体上看到或读到的新品牌？他们更关注新品牌。

我们重复一遍。在推出新品牌时，要用公关而非广告。如果一个公司同时用了公关和广告，那么广告会给公关带来负面的影响。

媒体并不希望在运作公关的同一个平台上出现广告，因为那暗示着企业通过投放广告支付公关费用。

当品牌已经通过公关建立起来之后，品牌才需要用广告来防御竞争对手。然而，大多数企业认为的恰恰相反。它们认为新品牌应该通过大量的广告投放来推出。

这是营销中最危险的一个想法。

品类越具有革命性，品类的发展就越慢。红牛花了9年的时间，年销售额才达到1亿美元。在推出市场的21年之后，也就是2017年，红牛的年销售额达到73亿美元。

在通过大规模的广告启动后，新产品还需要大量分销来支撑经营。因此公司就会给分销商施加压力：打折、半价、赠品，甚至支付额外的渠道陈列费用等。

大量的分销带来的机会却很渺茫。新品牌的起步通常都很慢，每个独立分销渠道的销量会很有限。因此大多数新产品都会失败。

最近的一项研究表明，美国消费品新产品的失败率为95%，欧洲消费品新产品的失败率为90%。

收缩起步分销渠道是一个更好的计划，通常从一个渠道开始。这样你就能有更多的资源去调配专门的陈列展示和推广，这会增加品牌成功的机会。

公关和广告之间的另一个大区别是，公关包含了人物，但广告没有。广告对应的是产品和服务。

媒体无法采访一个产品，它只能采访营销这个产品的人。而且媒体必定会引用这个受访者谈及品牌的内容。

要让你的品牌出名，你需要让你的首席执行官也出名。

苹果成功的原因之一是史蒂夫·乔布斯获得了大量的公关。左侧只是众多以乔布斯照片和报道作为封面的杂志中的两本。

盖茨　特朗普　马斯克
舒尔茨　戴尔　贝佐斯

很多其他品牌也从"出名"的首席执行官身上获益。微软和比尔·盖茨、特朗普集团和唐纳德·特朗普、特斯拉和埃隆·马斯克、星巴克和霍华德·舒尔茨、戴尔和迈克尔·戴尔、亚马逊和杰夫·贝佐斯。

在20世纪,品牌通过广告建立,但到了21世纪,品牌通过公关建立。

公关比广告更有效,尤其是当公关中包含了像史蒂夫·乔布斯这样的品牌代言人时。

但是,公关公司意识到公关是推出新品牌的最佳方式了吗?公关公司把自身作为推出新品牌的领先资源来推广了吗?它们没有这么做。

甚至更糟。一些公关公司正在逐渐从公关领域退出,试图转变成"营销公司"。

全球最大的独立公关公司爱德曼,在65个城市设有办公室,拥有雇员5500人,其CEO理查德·爱德曼(Richard Edelman)最近说,公司业务将从公关转向"传播营销"。

我们的业务方向将转向传播营销。

理查德·爱德曼
爱德曼公司 CEO

这是个错误。

"传播营销"是广告公司数十年来对自身业务的定义。

世界并不需要另一个致力于"传播"的公司。世界需要的组织是致力于21世纪最重要的传播技巧——公关的组织。但是公关公司也要意识到公关业务本身存在一个问题。

公关不会永远存在。即便是一个新品牌，也早晚有一天将不再是"新"的，因此一直为某个品牌制造正面的公关是不现实的。

这个时候，公司应该启动广告投放为品牌防御竞争对手。

广告不是对一个品牌的投资。广告是为品牌买保险，防止品牌受到竞争对手的攻击。

最好的广告策划不必包含新闻，相反，它们要做的是不断强化品牌在心智中已有的定位。广告不需要承载信息，它通常需要承载情感。

几乎每个建立起来的品牌最终都会需要广告来防御竞争对手的攻击、捍卫自己的定位。

通过恰当的构思，广告可以具备防御性，它是保护品牌定位的一个强有力的方式。

另一种情况也需要广告。就是当新品类的开拓者未能获得足够的公关来建立自己的定位时。

宝马就是一个很好的例子。这个品牌在美国市场推出时，未能强调它独特的"驾驶"定位。为了更正这一错误，品牌需要大量的广告来触达潜在顾客。

当品牌建立起来之后，要在广告上投入多少费用，这是一个艰难的决策。在一些案例中，你或许什么都不用投入，就能让品牌自然死亡。当品类自身开始衰落时尤其如此。

在另一些案例中，你或许需要大量的广告投入来防御你品牌的竞争对手，汽车行业就是一个好例子。在美国，汽车行业是所有行业中最大的广告主。

我们再重复一遍，你要在心智中获胜。在21世纪，进入心智最好的方法是运用公关。

公关第一、广告第二，这是一个定位要取得长期成功的秘诀。

> 互联网最能证明未来属于多品牌企业。世界上几乎每个大公司都会用它的既有品牌名推出一个网站，这些网站有哪一个取得了巨大的成功吗？

第 12 章 · 多品牌

在 20 世纪，大多数成功企业都是单一品牌的企业：IBM、通用电气、施乐、索尼、西门子等。

如今已是另一番景象：大多数单一品牌的企业在今天都陷入了困境，因为它们通过扩张产品线的方式进入新兴的品类。

未来属于多品牌企业，比如：苹果、宝洁、可口可乐、联合利华、雀巢等很多其他公司。

来看看过去两大著名的单一品牌公司：通用电气和 IBM。

在 2007～2017 年的 10 年里，通用电气的营业额下滑了 29%，IBM 的营业额下滑了 20%。

实际的衰退更为严重。在过去 10 年间，通货膨胀使得美元贬值 17.4%。

因此，通用电气的实际衰退达到了 40%，IBM 的实际衰退达到了 32%。

数十年来，通用电气一直通过收购其他企业和推出新业务来进行企业的规模扩张，然而好景不再有，这些方法也不再奏效。

通用电气发表声明，企业将进行业务缩减，只留下三大业务板块：喷射发动机、电力发电机和风力涡轮机，这三大业务占上一年营业总收入的 60%。

通用电气的市值从 2000 年的每股 52.69 美元下跌至如今的每股 12.52 美元。

施乐是 20 世纪最为成功的高科技企业之一。

在 2007～2017 年的 10 年中，施乐的营业收入下滑了 40%，利润减少了 83%。计入通货膨胀因素的话，施乐的实际衰退达到了 49%。

1980 年，就像 IBM 一样，施乐试图用自己的品牌名推出个人电脑施乐 820。

如果施乐创造了一个新的品牌名，而没有使用既有的品牌名，情况会如何？

我们认为，施乐就有可能成为"20 世纪的苹果

2007　　2017
衰退了 40%

2007
2017
衰退了 49%

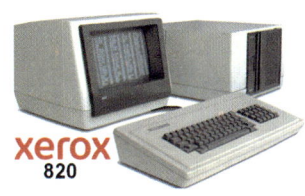

公司"——一个用多品牌主导多品类的企业。这家公司毫无疑问具备创造新型高科技产品的能力。

在推出了施乐820后，这家公司确实推出了很多新产品来配合普通纸复印机这一最主要的产品。

左图是施乐的一则广告，上面展示了20世纪施乐生产制造的产品，包括施乐计算机、激光打印机、电子打字机、传真机和其他产品。广告的标题是：<u>你以为我们只生产优质复印机（And you thought we only made great copier）</u>。

这则广告没什么效用。即使在今天，人们对施乐的认知仍然是复印机和其他衍生产品。

在快速发展的21世纪，高科技企业需要多品牌以应对快速发生的变革，企业吸取了这一教训吗？

显然没有。以联想为例，它是中国领先的高科技企业之一。和很多其他企业一样，如今的联想是生产多种产品的单一品牌企业，产品包括：<u>①笔记本电脑；②智能手机；③工作站；④平板电脑；⑤台式机</u>。

这是行不通的。在过去10年里，联想的营业收入是3348亿美元，净利润只有32亿美元，净利润率不到1%。

在过去 10 年里，苹果公司（和它的多品牌）净利润率达到 22.1%。

如果只看营业收入，你或许会认为联想非常盈利。在过去 10 年里，联想的年营业收入从 2007 年的 164 亿美元增长到 2017 年的 453 亿美元，增长了 176%。

在全球个人电脑市场上，联想几乎与惠普打成平手，联想占据全球 20.8% 的市场份额，惠普占据全球 21.0% 的市场份额。然而，在智能手机领域，联想以全球 3.2% 的市场份额排名第 8。在中国，联想的智能手机市场份额还不到 1%。

这是单一品牌企业的典型情况。它们通常在一个品类内较为强势，在其他所有品类内都很虚弱。

而且，这类企业通常在主要品类（比如联想在个人电脑品类）内越强，它们在其他品类内就越弱。

小米是另一个进行产品线扩张的中国企业。它的产品包括小米品牌的踏板车、电池、空气净化器、行李箱、视频流应用软件和云存储。这家公司在 70 个国家向 1.9 亿月度活跃用户销售 500 多个产品和服务。

小米还开设了几百个实体店用于销售所有的产

品,主要设在中国和印度。

尽管被称为"中国的苹果",但小米并没有像苹果公司那样盈利。2017 年,小米亏损了 439 亿元人民币。

在 2018 年 7 月,小米上市,首次公开募股超过 30 亿美元,公司市值达到 522 亿美元。

小米会成为一个高盈利的公司吗?智能手机的低端市场存在着机会,至今还没有哪个品牌主导这个市场。

除了小米,其他品牌也有可能成为低端市场的领导者,比如 oppo 和 vivo。

第一个用单一定位并将其资源集中到单一市场的品牌,很有可能会成为低端市场的领导品牌。

如何建立一家多品牌的公司?这无法一蹴而就。首先你需要在一个品类中打造出一个主导性的品牌,然后再进入下一个品类。

▶ 1901 年,吉列(Gillette)发明了可调换式刀片,并推广其替换刀片,称之为吉列蓝刀片(Gillette blue blade)。

▶ 1971 年,吉列是第一家推出双刀片剃须刀的公司,它将产品命名为 Trac II。

▶ 1976 年,吉列推出了一次性剃须刀,称为

Good News，但它并不是市场上第一款一次性剃须刀，Bic 更早。这是吉列唯一一个没有在品类中成为领导品牌的产品。
- 1977 年，吉列成为第一家推出可旋转刀头剃须刀的公司，产品叫作 Atra。
- 1990 年，吉列推出了 Sensor，是第一款两层刀片单独安装在高灵敏弹簧上的剃须刀，它能够针对每个人的面部轮廓自动调整。
- 1998 年，吉列率先推出了三刀片剃须刀 Mach 3。

2003 年，一个主要的竞争对手舒适（Schick）推出了第一款四刀片剃须刀 Quattro。

吉列是如何应对的？它也推出了四刀片剃须刀吗？

它没有。在 2006 年，吉列率先推出了五刀片的剃须刀 Fusion。

用这 7 个品牌，吉列公司已经主导剃须刀市场长达一个多世纪。吉列的全球市场份额大约有 70%。

世界上最盈利的企业都是多品牌企业。右图是 6 个多品牌企业和它们在过去 10 年里的平均净利润率。

21.1%	17.9%	13.4%
苹果	可口可乐	高露洁棕榄
14.4%	10.2%	15.1%
雀巢	百事可乐	宝洁

单一品牌企业通过产品线延伸来扩张规模应对新技术的发展，这会削弱品牌本身的力量。多品牌企业

保持既有品牌的聚焦，推出新的品牌来应对新技术的发展。

大多数企业都是单一品牌企业。在过去10年中，美国500强企业的平均净利润率只有6.9%，很多多品牌企业的净利润率远远高于这个数字。

左图是宝洁公司的25个品牌，每个品牌的年销售额都超过10亿美元。

在过去10年中，这个公司的净利润率为15.1%。

可口可乐公司旗下有14个10亿美元体量的品牌，利润率为17.9%。高露洁公司有6个10亿美元体量的品牌，利润率为13.4%。雀巢有29个10亿美元体量的品牌，利润率为14.4%。

互联网最能证明未来属于多品牌企业。世界上几乎每个大公司都会用它的既有品牌名推出一个网站，这些网站有哪一个取得了巨大的成功吗？

没有，一个也没有。这些网站的作用或许主要是方便雇员和媒体交流，但它们没能转变成可以为企业带来利润的网站。

每个取得巨大成功的网站都是一个全新的品牌名，如左图所示。

Airbnb, Amazon, Dropbox, Ebay, Expedia, Facebook, Google, Instagram, LegalZoom, LinkedIn, Netflix, Overstock, Pinterest, Priceline, Snapchat, Spotify, StubHub, Tumblr, Twitter, Uber, Wikipedia, Yelp, YouTube, Zappos and Zillow.

这些都是非常具有价值的网站。爱彼迎（Airbnb）

估值达到 310 亿美元，亚马逊达 10 400 亿美元，Dropbox 达 10 亿美元，eBay 达 350 亿美元，Expedia 达 210 亿美元，Facebook 达 5030 亿美元，谷歌达 8390 亿美元。其他的 18 个网站价值相当。

很多公司没有推出新名字的网站，反而在互联网上使用既有的品牌名，这是个错误。

在艾·里斯先生和杰克·特劳特先生于 1972 年为美国领先的营销出版刊物《广告时代》杂志撰写的文章里，他们重复强调了产品线延伸的风险，"一个企业在某一个领域里很知名，并不意味着它可以将这一知名度转移到另一个领域里。换言之，你的品牌可以成为一个品类的领导者，但在其他品类里将一无是处"。

文章发表在 46 年之前，那个时候定位理论崭露头角，但产品线延伸的风险和定位的很多其他原则却被企业忽略。

品牌延伸仍然是很多企业青睐的营销战略。以亚马逊为例，它起初的定位是"地球上最大的书店"（Earth's biggest bookstore）。

没过多久，亚马逊就进入了更多的品类：计算机、电子产品、家用机械设备、百货、健康美容用品、玩具、服装、珠宝、运动器材等。

到 2017 年年底，亚马逊已经经营了 24 年，累计营业额达到 8299 亿美元。

在过去的 24 年里，亚马逊赚了多少钱？只有 79 亿美元，净利润率不到 1%。

尽管亚马逊的过去并不那么壮美，但它仍然有一个光明的未来，而且在未来数十年还会持续盈利。

我们认为，亚马逊的成功并不能归功于亚马逊做了什么，而要归功于其他公司没有做什么。

在互联网的发展早期，竞争对手公司本该推出更加聚焦的品牌与亚马逊竞争。

这正是亚马逊本该做的事：推出更加聚焦的品牌，而不是持续扩张亚马逊的品牌。

如果亚马逊在它的图书业务成功之后推出各类产品专属的网站，比如一个专门卖电脑的网站，情况会如何？

一个专门卖电子产品的网站呢？
一个专门卖家用机械设备的网站呢？
一个专门卖百货的网站呢？
一个专门卖健康美容用品的网站呢？
一个专门卖玩具的网站呢？

一个专门卖服装的网站呢?

一个专门卖珠宝的网站呢?

一个专门卖鞋的网站呢?

看看 Kindle 电子书阅读器的成功,它是亚马逊推出的多个独立品牌之一。

传统的思维会认为索尼的电子书阅读器会成为市场领导者:索尼是全球最为知名的消费者品牌,加上公司在电子产品领域的领先地位,它推出的电子书阅读器肯定能成为市场赢家。

但它并不是。

亚马逊还推出了 Fire 平板电脑,这是继苹果的 iPad 和三星之后的第三大平板电脑品牌。此外,还有 Echo 智能音响和 Alexa 语音助手。

如果亚马逊用不同的品牌名发展多个网站,这家公司如今的财务状况会如何?

我们认为,亚马逊会像前面提到的那些多品牌公司一样盈利:苹果公司(21.1% 的利润率)、可口可乐公司(17.0% 的利润率)、高露洁棕榄公司(13.0% 的利润率)、雀巢公司(14.4% 的利润率)、百事可乐公司(10.2% 的利润率)和宝洁公司(15.1% 的利润率)。

而不会是现在仅仅 1% 的利润率。

多品牌的战略也不会削弱像亚马逊 Prime 会员这样的概念：每年 119 美元即可享受无限制两日达运送服务。

第二个或者第三个品牌并不会被隔绝，顾客倾向于把品牌和企业联系起来。例如，将雷克萨斯与丰田联系在一起，雪佛兰与通用汽车联系在一起，吉普与菲亚特 – 克莱斯勒联系在一起。

亚马逊的品牌官网本可以与亚马逊公司名联系在一起，就像 iPod、iPhone 和 iPad 与苹果公司的名字联系在一起一样。

以 IBM 为例，它是 20 世纪最成功的企业之一，它登上了当时美国发行量最大的杂志的封面。《时代》杂志 1983 年 7 月 11 日的封面报道是"<u>奏效的巨人：在 IBM，大即丰富</u>"。

同时，美国发行量最大的商业类杂志《商业周刊》于 1983 年 10 月 3 日发布封面报道，称"<u>IBM 是个人电脑的赢家</u>"。

到了 1985 年，IBM 的利润达到 66 亿美元，净利润率达 13.1%，是全球所有公司利润的最高纪录。

那一年，据《福布斯》杂志报道，IBM 是美国最受尊敬的企业。

在此后的 32 年里发生了什么？

1985 年，IBM 的营业额达到 501 亿美元。2017 年，IBM 的营业额为 791 亿美元，净利润率为 7.3%。如果计入通货膨胀的因素，791 亿美元就相当于 1985 年的 344 亿美元。

在这 32 年里，IBM 的营业额下滑了 31%，净利润率下滑了 44%。

IBM 像索尼、施乐等其他高科技单一品牌企业一样，起步的时候拥有巨大的技术优势：IBM 的主机计算机、索尼的晶体管收音机、施乐的普通纸复印机。

随着时间的流逝和商业的发展，品牌变得异常强大。但管理层拒绝将品类和品牌关联在一起，他们把品牌视为一种孤立的存在。

所以他们持续进行产品线延伸，最终遇到了销售和利润的天花板。

如果施乐公司推出多品牌，情况会如何？

在 20 世纪的高科技品牌中，施乐曾经拥有和 IBM 相当的地位。但和 IBM 一样，施乐也没能把握住定位的优势。

看起来，这两家公司对于推出第二个品牌的最佳时机都很迷茫。

推出第二个品牌的最佳时机是核心品牌到达它的顶峰之时。但在这个时候，管理层的想法恰恰是完全相反的："我们的品牌这么强大，它可以无限扩张。"

在某一时刻，单一品牌的公司会遇到瓶颈，未来增长受阻甚至无法继续增长。柯达就是一个典型的例子。

1996年，根据一家全球品牌咨询机构的排名，柯达是全球第4大最具价值品牌。

2012年，仅仅14年之后，柯达破产。这一领先的胶片品牌发生了什么？

因为市场在向数字化发展。

史蒂夫·萨森，数码相机的发明者

你或许会很惊讶，其实柯达在1975年就发明了数码相机。同一年，苹果公司推出第一台个人电脑。

数码相机是由柯达公司的一位员工史蒂夫·萨森（Steve Sasson）发明的。

品牌代表了品类。如果品类衰落消亡，那么品牌也无法生存下来。从理论上来说，一个企业可以永生，只要它能持续推出新的品牌来主导新的品类。

一个新品类的诞生会加速消费者对新品牌的需求。新品类越具有革命性，消费者对新品牌的需求就越急迫。

以互联网为例，它是自个人电脑诞生之后最具革命性的新品类。

你或许会认为那些经验丰富的、全能的媒体巨头会用新的品牌名进入互联网领域，它们并没有这么做。

每个媒体巨头都把既有的品牌进行了延伸，而后进入了互联网，《纽约时报》《华尔街日报》《财富》《福布斯》《商业周刊》等，都是如此。

电动汽车将会是下一个具有革命性发展的领域。那些经验丰富、全能的汽车巨头遵循的都是同样的品牌延伸战略，世界上每个主流汽车企业都推出了电动汽车，但都没有启用一个新的品牌名。世界上每个主流汽车企业都用它们的既有品牌进行了品牌延伸。

哪个品牌会在电动汽车市场上胜出？我们认为是特斯拉。

大多数公司都是多产品公司，而不是多品牌公司。它们的逻辑是，"我们把所有产品都放在一个品牌下，这样我们就能节省开支并建立一个强大的品牌，比我们把营销费用投入到多个品牌上更有效。"

这就是产品线延伸的陷阱。听起来逻辑上很有道理，但从长期的运营角度来看就会发现这是个错误。

定位理论反对产品线延伸。要建立一个强大的品牌，你要做的是聚焦，而不是把一个品牌扩张到其他多个品类中去。

定位的目标是"在心智中占据一个字眼"，产品线延伸与这一目标相矛盾。

IBM在潜在顾客的心智中占据"大型"计算机这个词。那么公司为什么要推出IBM"个人"计算机呢？一个售价上千美元的产品和一个售价几百万美元的产品可不在同一个品类里。

IBM的高层想："没问题，我们只要把这个品类统称为'计算机'就好。"这真是痴心妄想。

没有什么比品类能更牢固地根植于顾客的心智中，并且品类的定义非常狭窄。顾客用品类思考，用品牌表达。

随着时间流逝，竞争对手逐渐切割品类，创造出它们可以主导的新品类，品类会越来越窄。

品类会收缩变小，而不是变得越来越大。当你扩张品牌时，你就违背了品类的趋势。因此，在你进行品牌延伸之前，先问自己一个简单的问题：

如果未来属于多品牌公司，情况会怎样？

> 我们在20世纪制定的7项重要定位原则至今仍然有效。若企业没有遵循这些原则，其处境就会非常危险。

第13章·20世纪的定位原则

我们在20世纪制定的7项重要定位原则至今仍然有效。

但如果回顾一下21世纪公司的营销计划，你会发现许多公司并没有遵循这些原则。

定位原则1

你要在心智中建立一个品牌，而不是在市场上。

（1）心智，而非市场

心智是世界上最难穿透的地方。在市场中可能有意义的，在你潜在顾客的心智中并不一定总是有意义的。斯巴鲁曾经制造过两轮驱动车和四轮驱动车。

这样做，对于市场需求是合理的，因为一些顾客想要两轮驱动车，而一些顾客想要四轮驱动车。

两轮驱动车　四轮驱动车

但在心智中则不然。

1993 年,斯巴鲁决定只出售四轮驱动车。这一决策帮助斯巴鲁在潜在顾客的心智中创造了一个独特的定位。斯巴鲁在美国的销量得到了迅速增长,从 1993 年的 104 179 台增长至 2017 年的 647 956 台,增长了 522%(汽车市场总量仅增长了 24%)。

定位原则 2

(2)寻找心智中的空缺

在心智中寻找一个空缺的空间或位置。许多汽车品牌也制造四轮驱动车,但这些品牌都不是专门制造四轮驱动车的。

斯巴鲁填补了这个空缺。

星巴克是第一个填补"高端咖啡店连锁"空缺的品牌,亚马逊是第一个填补"互联网书店"空缺的品牌。

定位原则 3

(3)聚焦,而非延伸

为什么大多数管理层在应该聚焦时却选择不断扩张品牌?请保持你的品牌聚焦,抵制品牌扩张的诱惑,它只会稀释品牌在心智中的力量。

以可口可乐为例,它曾经是世界上最具价值的品牌。今天,该品牌排在第 4 位,并可能继续下滑。

在美国,碳酸饮料的人均消费量(可乐是其中消费量最大的一种）已连续18年下滑，从1998年的每人204升到2016年的每人135升。

可口可乐如何应对这一趋势呢？通过推出新口味和新包装，可口可乐现在有16种不同口味可供选择。

连续18年的下滑

可口可乐有两种不同类型的产品：① 355毫升罐装的含糖可乐，含有140卡路里；② 零卡路里的健怡可口可乐。

许多消费者不喝普通可口可乐，因为它含有过多的卡路里，同时他们也不喝健怡可口可乐，因为它味道不好。

可口可乐现有16种口味可供选择

我们建议可口可乐公司放弃含糖的可乐，只出售健怡可口可乐，同时在营销上做一个改变：直接将其称为"可口可乐"。这样，消费者很快就会忘记卡路里，并开始选择喝可口可乐，因为可口可乐的味道很棒。

定位原则4

要做不同，而非更好。红牛推出后，美国国内相继推出了1000多个品牌的能量饮料。

哪个品牌成为第二大的能量饮料品牌了呢？

是那个与众不同的品牌——魔爪（Monster）推出了473毫升的规格。几乎所有其他能量饮料品牌都是以红牛开创的传统245毫升规格推出产品的。

（4）不同，而非更好

大多数品牌试图说服消费者，它们的品牌比竞争对手的更好。这几乎不会奏效，消费者无从得知哪个品牌更好。

因此，他们会认为领导品牌更好，因为大多数人都购买这个品牌的产品。

如果你的品牌不是领导品牌，如何说服顾客来购买你的品牌？你需要聚焦在产品的差异性上。比如，魔爪的罐装规格，或者宝马的驾驶定位。

全球一共有7097种语言。⊖

使用全球10大语言（汉语、西班牙语、英语、印度语、阿拉伯语、葡萄牙语、孟加拉语、俄语、日语和旁遮普语）的人口只占全球人口的45%。

当你的品牌进入全球市场时，你的"定位语"就有可能迷失在不同的语言中。在很多国家，营销信息传递的只有品牌名本身。

（5）品牌名就是定位

定位原则 5

因此，如果可能，品牌名也应该是品牌的定位。

魔爪这个名字有助于传达它是一个能量饮料品牌，其产品容量比市场领导者红牛大得多。特斯拉电

⊖ 包括还没有被人们承认是独立的语言，以及正在衰亡的语言。

动汽车的名字也是一个很好的全球品牌，因为它将品牌与现代交流电力系统的发明者尼古拉·特斯拉（Nikola Tesla）联系起来。

大多数公司都信奉"以顾客为导向"的理念，这是有道理的，这也是斯巴鲁曾经同时生产两轮驱动车和四轮驱动车的原因。但是当以顾客为导向时，你就无法成为领导者。顾客在前引导，公司只能作为跟随者。

可口可乐公司以顾客为导向，这就是为什么它没有能够迅速推出能量饮料品牌，去和红牛竞争。

红牛花了5年时间才达到1000万美元的年销售额，又花了5年的时间才达到1亿美元的年销售额。因此，可口可乐公司得出了结论：能量饮料市场规模太小，没必要进入这个市场。

当可口可乐公司进入这个市场时，为时已晚。

公司应该以竞争为导向，而不是以顾客为导向。领导者应该始终阻击竞争对手的行动。

作为饮料的全球领导者，可口可乐公司应该在红牛进入市场后不久立刻推出一个能量饮料品牌。

定位原则 6

以竞争为导向，而非以顾客为导向。通过砍掉两轮驱动车业务，斯巴鲁成为唯一聚焦于四轮驱动车的

（6）竞争，而非顾客导向

汽车企业。

作为2017年美国前10个畅销汽车品牌之一,目前斯巴鲁排名第8。

1993年,当他们决定专注于四轮驱动车时,斯巴鲁的销量排名第23。

在21世纪,斯巴鲁和现代是美国市场最成功的两个汽车品牌。两者都专注于以竞争为导向。斯巴鲁代表了四轮驱动车,现代则代表低价汽车。

定位原则 7

第7个原则是二元性。从长期来看,两个品牌将主导某一品类的全球市场。可口可乐和百事可乐在全球可乐市场占主导地位,但这两个品牌并不等同。

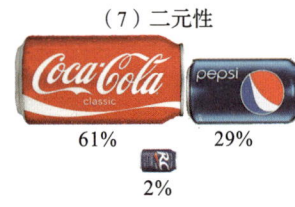

(7)二元性

在美国,可口可乐占61%的市场份额,百事可乐占29%,第三大品牌皇冠可乐的市场份额仅为2%。这在很多品类中都很典型:两个领先品牌和一些小品牌。

在全球视频游戏机市场中,索尼的PlayStation拥有59%的市场份额,微软的Xbox占37%,任天堂Wii占4%——两个大品牌和一个较小的品牌。

全球民用机市场表现出同样的格局。波音拥有49%的市场份额,空中客车占42%,庞巴迪占4%。

两个领先品牌中，较大的那一个往往更盈利。

2017 年，波音的净利润率为 8.8%，是空客净利润率 4.3% 的两倍多，而第三品牌庞巴迪则亏损了 5.16 亿美元。

从长远来看，大多数第三品牌往往无法盈利。

然而，尽管无望成为市场的两个领先品牌之一，许多公司还是会继续推出品牌。

以手机市场为例，诺基亚连续 14 年成为第一大手机品牌，随后三星和苹果 iPhone 品牌在连续 6 年里排名第一和第二。

整个市场上已有数十个智能手机品牌，这里只是其中的一些，谷歌甚至推出了智能手机品牌 Pixel。

这些品牌中有哪一个会成为智能手机品类中的第一或第二品牌呢？

不太可能。两个领先品牌占据两个领先地位。随着时间的推移，这些定位深深根植于消费者的心智中，无法改变。为什么智能手机的竞争对手没有意识到自己的产品在心智中的虚弱地位是无法提升的？

因为他们始终相信更好的产品能在市场上获胜。因此，他们花费数百万美元用于研发，试图推出更好的智能手机。一个简单的理由能说明这个做法行不通。

两个领先品牌会对其竞争对手始终保持警惕,并迅速复制竞争对手可能推出的任何新功能。

改变心智需要时间。如果两个领先品牌的行动足够快,它们就可以阻止竞争对手可能采取的任何重大举措。

以下是在 20 世纪发现归纳的 7 个定位原则。

(1)心智,而非市场;

(2)寻找心智中的空缺;

(3)聚焦,而非延伸;

(4)不同,而非更好;

(5)品牌名就是定位;

(6)竞争,而非顾客导向;

(7)二元性。

这些定位原则在今天仍然有效。若是企业没有遵循这些原则,其处境就会非常危险。

为了应对世界的根本变化，我们制定了这 7 个新的定位原则。让这些新定位原则在 21 世纪指引你打赢商战！

第 14 章 · 21 世纪的定位原则

世纪之交以来，全球发生了很多变化，包括全球化、城市化、超级技术和互联网的兴起。

为了应对这些以及市场上的其他变化，我们概括了以下 7 条新的定位原则。

新定位原则 1

要做全球规划，而不仅仅是停留在国内规划。许多品类已经是全球性的品类了：电脑、智能手机、汽车。

这个趋势还将持续下去。20 世纪，品牌走向全国；21 世纪，我们将会看到品牌走向全球。这将使品牌名变得更加重要。

（1）全球，而非国内

确保中国品牌能在全球市场上运作的一个方法是，确保它能在世界第二大语言英语语言中行得通。很多中国品牌都很难用英语的规律拼写或发音。

中国、俄罗斯和其他不使用拉丁字母的国家的企业其实更具有优势，它们可以创建新的品牌名，而不是在全球市场上使用现有的品牌名。

企业可以将其既有品牌保留在国内市场上，而在全球市场上使用新名称。但像美国这样使用拉丁字母的国家的企业不能这样做，因为会引起混淆。

新定位原则 2

<u>互联网是一个新品类，新品类需要新的品牌名。</u>

然而，世界上几乎每个零售商都试图在互联网上使用其既有的品牌名。

这是行不通的。

全球最大的零售商沃尔玛于 2000 年推出了 Walmart.com。经过 15 年平庸的网上销售，沃尔玛最终意识到它们需要第二个品牌。

2015 年，沃尔玛以 33 亿美元收购了 Jet.com。为什么沃尔玛没有在 2000 年创建新的互联网品牌呢？

在营销界，品牌已经成为许多书籍、演说和讨论的主题。

（2）互联网是一个全新的品类

但品牌并没有品类那么重要。

新定位原则 3

品类比品牌更重要。

柯达曾经是胶片摄影的全球领导者，但市场转向数码摄影。

柯达认为它的品牌非常强大，可以直接进入数字世界，但显然不是。柯达因违反这一定位原则而破产。品类比品牌更重要。

（3）品类主导品牌

胶片摄影　　数码摄影
的成功　　　的失败

新定位原则 4

第 4 条新定位原则是视觉锤。视觉的力量比单纯的文字力量更强大。最好的例子就是万宝路的成功，万宝路现在是全球领先的香烟品牌。

在万宝路推出之前，美国有 5 大香烟品牌：骆驼、好彩、云斯顿、菲利普莫尔斯和契斯特菲尔德。

这些品牌每一个都有大量的广告营销做支持。

它们也以顾客为导向，这些品牌中的大多数都同时针对男性和女性进行营销，比如右图这则好彩香烟的广告。

这就很难为品牌找到一个视觉符号。

万宝路聚焦于男性顾客，它本可以将品牌定位为男士香烟，但这个想法不如牛仔更具备情感力量。

任何定位的最终目标都是在心智中占据一个字眼。

（4）视觉锤

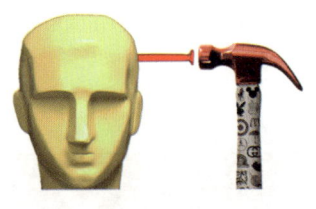

（5）难忘的口号

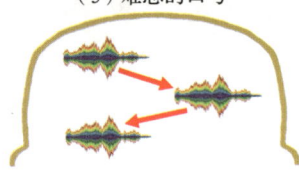

"占据一个字眼"的最佳方式是视觉锤。

视觉是锤子，语言是钉子。牛仔是视觉锤，而男子气的香烟则是语言钉。

新定位原则 5

第 5 条新定位原则是难忘的口号。在心智中没有词汇，只有声音。

要创建一句令人难忘的口号，就需要把声音相互关联起来。

这里有 5 个将声音相互连接以加深印象的技巧：①押韵；②头韵；③重复；④反转；⑤双关。

你更容易记住哪一列数字？

▶ 1、2、3、4、5、6、7、8、9、10

▶ 5、2、3、4、9、10、6、1、7、8

两个系列都有相同的 10 个数字。但 1、2、3、4、5、6、7、8、9、10 更容易被人记住，因为这些数字是相互关联的。

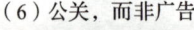

（6）公关，而非广告

新定位原则 6

新品牌应该用公关启动，而非广告。

营销中最关键的问题是可信度。除非消费者相信品牌自身的定位陈述，否则他们不太可能接受该品牌。你需要通过公关，而不是广告来创造可信度。

一个新的品牌在初期几乎没有可信度。获得可信度的最佳方式是通过媒体的报道和第三方的背书。

但你的品牌在潜在顾客的心智中建立起定位之后，它就可以通过广告来捍卫这一定位了。公关第一，广告第二。

新定位原则 7

第 7 条新定位原则是多品牌。可口可乐公司拥有 14 个品牌，每个品牌的年销售额都超过 10 亿美元。

（7）多品牌

可口可乐公司的盈利也很可观。在过去的 10 年里，这个公司的销售额已经达到 4070 亿美元，净利润率 17.9%。

在 20 世纪，单一品牌企业可以活得很好，盈利可观，但在 21 世纪就不行了。

技术变革非常迅速，为了保持盈利，企业需要推出新品牌来主导新品类。

这正是苹果公司布局 5 大品牌所做的事：Apple、Macintosh、iPod、iPhone 和 iPad。

像联想这样的单一品牌企业，只能挣扎着实现收支平衡。在过去 10 年中，联想的销售额为 3090 亿美元，但净利润率仅为 1.2%。

在过去 10 年中,苹果的销售额为 14 310 亿美元,净利润率为 22.1%,是联想利润率的 18 倍。

为什么像联想这样的单一品牌企业在 21 世纪做得不好?因为它们必须不断扩大其产品线以应对快速的变化,而这会削弱它们的品牌。

多品牌公司会通过推出新品牌以占据新的品类来应对变化。

通过这种方式,它们保持对既有品牌的聚焦,并将公司扩展到因城市化、超级技术和互联网的兴起而生的新品类中。

这就是 21 世纪的 7 条新定位原则:

(1)全球,而非国内;

(2)互联网是一个全新的品类;

(3)品类比品牌更重要;

(4)视觉锤;

(5)难忘的口号;

(6)公关,而非广告;

(7)多品牌。

注意!很多在 20 世纪奏效的营销方法在 21 世纪已不再有效。

让这些新定位原则在 21 世纪指引你打赢商战!

品类的诞生与战略的终结

里斯全球合伙人张云
在第三届定位中国峰会上的演讲

大家下午好!这次峰会,里斯先生安排我来和大家分享品类的观念。

今天上午,今麦郎的范总讲到一个观点,我非常认同,他说企业家既要务实,又要务虚。务虚是什么?是观念的形成。务实是什么?是具体的实践。从我个人的经验来看,如果要问我什么是企业战略中起到决定性作用的第一步,那么我认为是务虚。

今天上午演讲的几位企业家分享了他们的实践案例,他们面临战略决策的节点,也许换一位企业家,就算他认同了定位,认同了聚焦,认同了品类，如果理解不深刻，他也未必会有同样的决策。决策是由观念决定的，也就是由企业家的心智决定的。所以我们经常讲的一句话是：只有相信定位，你才会有好的定位；只有相信聚焦，你的聚焦才会有成果。是真的相信，而不仅是认同——很多企业家实际上认同的是聚焦带来的利润，但内心里接受不了聚焦的做法。

今天我要和大家分享的主题是"品类的诞生和战略的终结"，可能讲得比较务虚，但是，我认为，这对于我们深刻地理解战略、理解定位、理解品类战略的价值至关重要。

"历史的终结"概念

在最近的100年里，关于"战略"的新理论和概念层出不穷。每过5年、10年，就会有一个新的战略概念出现，但是这之中的大多数过几年又消失得无影无踪。我在这里提出一个问题：在这些变化当中，有没有一个根本的东西，是永恒不变的？换句话说，关于战略，不变的是什么？我们如果把握住了不变的东西，就可以以应对任何变化，做到"以不变，应万变"。

德国伟大的哲学家黑格尔曾经提出过一个非常有名的概念，叫作"历史的终结"的哲学概念。他的主要观点是，哲学层面的历史和我们一般认为的历史不同。我们一般认为的历史是指"大事件"，100年前发生了什么，10年前发生了什么大事件。从这个意义上讲，"历史"将永远延续。他认为哲学层面的历史，是整个人类经验和意识形态的总和，从这个意义上讲，"历史"一定会有一个终点。

这个终点是什么？如何找到人类的终点？黑格尔认为，要找到人类的终点，必须找到推动人类发展的根本动力。我们一般认为，几千年以来，经济就是人类发展的根本动力，大家都想活下来，为了生存而战。黑格尔并不这样认为，他指出人类和动物最大的区别就在于，人类会为了名誉，为了得到承认，不惜牺牲生命。动物抢到一块肉，赢了就吃，败了就逃。但是只有人类为了证明自己，会不惜生命，两个人拼杀，例如早期的角斗士。

黑格尔深刻地指出：人类社会的推动力，最根本的是心理，是人类希望被承认的心理。他进而指出，当法国大革命发生的时候，人类已经找到这个终点，就是"民主和自由"。民主和自由就是人类发展的终点，因为民主和自由可以让每个人得到承认。所以人类社会一定会向民主和自由的阶段发展，这是必然的。因此，黑格尔认为，在哲学层面，人类的历史已经终结了，剩下的只是实践。虽然今天人类尚未抵达那个终点，但人类已经找到了那个终点：民主和自由。

事实上，历史已经证明了黑格尔的判断，在过去的100年里，甚至过去的30年里，全世界民主自由的政体由30多个变成70多个。而在全世界，各国政府大力宣传的也是民主和自由。这说明民主和自由满足了人类根本的心理需求。

战略是否存在一个"历史的终结"

同样，尽管随着时间的推移不断出现了很多新的战略概念和理论，但在商业领域是否存在一个终极的战略呢？我认为是存在的。

50年前,里斯先生和特劳特先生提出了定位概念。定位最大的贡献就是在商业史上指出了营销竞争的终极战场不是工厂,不是市场,而是心智。怎么占领这个终极战场?就像黑格尔已经找到了驱动人类历史发展的是心理,是被承认的心理一样。我们又怎么满足这个被承认的心理?

里斯先生和他的伙伴们用了50年找到了这个东西,所以在此后的28年里,他们讨论的核心的主题就是如何去占领终极战场,如何去占据消费者的心智?他们最初提出了三种定位方法:领导者定位,关联定位,给竞争对手重新定位。然后又发展出了营销战(商战)的模型。这些著作是在一步一步往前走的实践过程中形成的,并越来越靠近终点。

其中,《聚焦》这本书绝对是具有里程碑意义的。聚焦是战略里最基本、最核心,也是最难实践的观念。但是,它最靠近终点,虽然仍有一段距离。

今天上午任总分享的老板油烟机聚焦的实践就是最好的例子,聚焦的度是什么呢?企业认为聚焦到一个"厨电"已经很聚焦了,聚焦到"白电"已经很聚焦了,聚焦到"家电"已经很聚焦了,这个度是什么呢?

品类,给我们提供了最终的度——聚焦到一个品类

2006年,里斯先生和劳拉女士写了《品牌的起源》,首次系统地提出了关于品类的概念,里面一个重要的思想就是:建立品牌最佳的做法,就是开创并主导一个品类。

当"品类"这个概念提出来之后,关于战略的历史就已经结束了。我们不用再去找下一个关于战略的新概念。这就是所有战略的核心,终极的做法

就是：开创并主导一个品类。

放眼全球的商业实践，只要你的品牌能够代表一个品类，那么不管这个品类有多小，品牌都是非常有价值的。反之，一旦你这个品牌代表不了任何品类，无论你的品牌有多大，都没有什么价值，最终难免像通用汽车一样走向破产。

30年前，里斯先生和劳拉女士在著作里面抨击美国的汽车产业，抨击日本的电子产业。最近的二三十年里，这些抨击都逐渐被验证：三大汽车企业已经破产，日本的电子产业全面崩溃。我想起中国一句老话："不听老人言，吃亏在眼前。"

心智特征造就了品类的力量

为什么民主自由如此有力量，有吸引力？是因为它满足了人类终极的心理。为什么品类有力量？是因为它满足了心智的基本特点。

心智有几大特点：归类存储，同类的信息是归类的；心智害怕复杂；心智容易失去焦点；心智缺乏安全感；它对专业的品牌更相信，心智排斥相同的东西。这些所有的特点，归结起来形成的一个概念就是品类，这是心智赋予品类的力量。

同时，心智又是辩证的。心智对同一品类的信息接收量非常有限，有可能只有一个或者两个；对于不经常使用的品类只有一个阶梯。但是对于新的品类的接纳，又有无限的空间。这是进化心理学：为了适应这个迅速变化的外界环境，人类从几十万年、几百万年前，积淀到现在，造就了心智特征，对新东西的接受能力非常强。回归到商业里，你在一个品类里面不是数一数二,你可能就没有什么未来了。但是别担心,心智可以不断接受新的品类。你可以创新一个品类,所以品类是心智里面终极的驱动力。里斯先生和劳拉女士将此概括为:消费者以品类来思考,以品牌来表达。

品类的诞生让定位理论达到了前所未有的高度

为什么今天把品类放得这么大?为什么说品类比品牌更重要?我认为是因为商业环境的变化。今天我们面临的产品极其丰富,选择极为多样,同时我们的媒介环境和信息又极度爆炸。在这种情况下,以前简单的、小的差异化,已经不足以进入消费者的心智了,你必须有品类的差异。

以前的产品,只需要靠着知名度高一点,或者传播多一点,在某一个方面的包装改进一点,可能就可以赢了。但是今天,你必须要有"类"的差异,这是根本的差异。

"品类"的概念从诞生开始就体现出了极强的解释能力,如果说定位理论解释了50%商业的成功,我认为品类把它提高到了90%以上。很多品牌,从可口可乐到iPhone、特斯拉、微信……它们都没有提出一个明确的定位概念——"语言钉",但是它们毫无例外都开创了一个品类。

我们经常听到很多企业提出疑问:我并没有实施定位,我们没有找到差异化的定位概念,但是我们仍然成功了。虽然我们可以用"存在一个潜在的定位"来解释,但实际上也承认了找到那个定位(语言钉)并非成功的必要条件。如果从品类的角度来看,大部分长期成功的品牌,它或许没有找到那个语言钉,但是它一定是一个品类的开创者,或是一个品类代表者。大家可以看看你们的行业，以及今天全球的案例，都已经证明了这一点。所以，我认为，品类的诞生，把定位理论提升到一个前所未有的高度。同时，把战略拉到了一个前所未有的落地程度。

我们很多战略都是蓝图，画一、二、三、四个蓝图。但品类战略所表达的战略核心是你生意的核心，是马上可以着手做的，是看得见，摸得着的。比如长城汽车，它的战略就是在SUV这个领域里面做到全球第一，做到极致。从企业来讲，做到全球最大的SUV生产商，推动这个品类的发展。如果我们真的理解了"品类"这个概念，我们的战略就非常清楚。

越是革命性的观念，产生的影响越是悄无声息的。品类这个观念提出来已经20多年了，越来越多的企业、商学院、各个领域都在接受这个概念，它逐渐渗入了我们商业领域里。

这是一所全球著名的商学院发行的杂志，以品类的定义作为标签，发表了一系列的文章，讨论品类的问题。在理论界，菲利普·科特勒、大卫·艾格教授也把品类的观念融入到他们最新的著作里面。

当然，我认为更重要的是全球的实践。这是在最近10年里，全球商业领域涌现出来的三个非常重要的、有影响力的品牌，它们根本的战略就是品类创新。还有更多的品牌在做品类创新，新品类体现了前所未有的力量。

小米走对了一半，开了一个好头，但现在越走越远，非常可惜。福特作为全球传统汽车的代表性品牌，对比一下特斯拉，一个企业成立了100多年，一个成立了10多年。但是前几天特斯拉的市值首次超过了福特汽车，达到500亿美元。在去年的品类创新大会上，当时特斯拉的市值是300亿美元，我说：我认为特斯拉的市值应该是3000亿美元以上，因为它代表了全球最大产业之———汽车产业的未来,我们拭目以待。今天,我认为它的估值应该在3000亿~5000亿美元,这就是新品类的力量。

品类战略是中国与全球同步的概念

在定位这个概念的普及上,对中国的企业家是不公平的。因为它首先诞生在美国,美国的企业首先接受了二三十年,然后才逐渐传到中国,现在才有这么多的中国企业家接触到这个概念,实践这个概念。然而,品类这个概念是全球同步的,大家是站在同一条起跑线上的,在座的企业家代表了最先实践品类的一批人,你们应该掌握最先进的"武器"和全球的企业竞争。

为什么品类的概念那么重要?刚才讲了,它有心智的基础。但是回归到企业的经营,我认为它对接了企业经营的根本。

管理大师德鲁克先生,他为什么被称为大师中的大师?为什么他的管理思想经久不衰?是因为他把握住了不变的、最根本的东西。比如他指出:企业的唯一目的就是创造顾客。你这个企业现在健不健康,有没有问题,就是看你有没有在创造顾客,这是根本所在。为了创造顾客,企业要么在技术上、产品上创新,要么做营销推广,教育更多的消费者。

品类把这两个职能完美地统一起来。技术和营销不能完全分开,大量的实践证明,如果技术创新脱离了营销,那么基本上很难产生什么成果。技术的创新必须和营销结合起来,最终经过市场来检验。否则,所谓的创新就是闭门造车。

品类这个概念诞生之后,企业关于战略的思考方向已经非常明确了。其实在座的各位可以回去想想，我这个企业，我这个品牌怎么做到代表这个品类？你唯一要做的就是使你的品牌代表这个品类，主导这个品类，其他我们提出的概念，比如聚焦、专注，都是围绕它的工具。

在黑格尔之后，亚历山大·科耶夫是20世纪最伟大的黑格尔的诠释者之一，也是个非常杰出的哲学家。他说历史已经终结了，哲学家的使命已经完成了，世界观和方法论已经形成了，剩下就只有实践了。科耶夫干了一件历史上所有哲学家都没干的事情：他加入了政府，成了欧盟的缔造者之一。欧盟就是历史的终结，民主自由观念的推动者，是这个观念实践的产物之一。而且这位老兄还有一个非常有预见性的判断，他认为英国就不应该加入欧盟，因为英国人从来没有把自己当作欧洲人，2017年英国的脱欧申请验证了他的判断。

品类诞生时，战略终结时

我们不用去寻找最新、最先进的战略概念了，因为这些概念已经有了，剩下的就是实践，实践决定你最终的成果。所以我想说，在品类诞生之时，就是战略的终结之日。我们不要再讨论新战略概念了，终极的战略已经有了，我们剩下的工作就是怎么实践，怎么做到品类的主导。然而实践的工作才刚刚开始，还有无数未知的领域，还有无数我们将面对的挑战。

从里斯中国10年的实践来看，我最大的一个心得是：没有两个企业是完全一样的。我们不能完全复制任何一个企业的战略，它们有不同的环境、不同的基础、面临不同的机遇，有不同的管理层。你在实践战略的时候，你做的决策也是不一样的。战略已经终结,我们的实践才刚刚开始。

定位理论还会继续发展,但我理解只是局部的调整,最基本的概念已经终结了。就实践来说,不代表我们接受了这个概念,我们学习了这个概念,在实践当中就会一帆风顺。

360公司是一个例子,周鸿祎是互联网企业里众所周知的定位粉丝。我到他的企业去,他告诉我,当他看其他企业的时候特别清楚,但是看360的时候就下不了决心。他说,他在做雅虎中国总裁的时候,做了一个搜索平台没有叫雅虎,叫一搜,只能搜图片和视频,是有差异化的。他说,当淘宝要推出一个B2C平台的时候,他认为确实应该用一个新的品牌名"天猫"。可是当他要推出一个儿童手环的时候,他却决定叫360。

里斯先生说过:咨询公司、咨询顾问提供很重要的一个"产品"和价值,就是第三方的外部视角。所以,即使是信奉定位理论的企业家,实践起来仍然非常艰难。

第二个例子就是小米。本来这次峰会我邀请了雷军先生,很希望他来分享一下他的实践经验,但是很遗憾,他最终没来参与。我想这个阶段对于小米,对于雷军是非常痛苦的。小米聚焦互联网直销,直销让它成功。成功以后,推出了小米电视、手环等,越来越多的不同的"小米"出现,当你把"盘子"已经做得很大的时候,你就很难再聚焦了。

雷军的合伙人告诉我说:小米5周年的时候,雷军给前100名的员工送了《定位:争夺用户心智的战争》这本书,并且签上了自己的名字。但是很遗憾,雷军还是没有完全读懂定位。我们关注小米,不断指出问题,不是出于幸灾乐祸,而是非常关注、爱护。当看到它战略的错误时,也觉得可惜。

它曾经有机会成为可以跟苹果媲美的品牌，但是现在来看，我认为非但没有"走好"的迹象，反而走向了越来越糟的趋势。

问题在哪里？我认为仍然是实践的问题。实践的问题在哪里？是理解的问题。到了自己，就下不了决心，因为有无数个因素：经销商、内部员工都反对，最终的根源还是对概念的理解和认识不到位。另外就是我们对品类的理解和对战略本身的理解，还存在很大的误差。

2008年的时候，我陪里斯先生在北京中国大饭店接受过一位名为金错刀的记者的采访。里斯先生当时说了这样一句话：我告诉你一个价值10亿美元的机会，未来会诞生一个不同于传统PC互联的品类，叫作mobile.com。移动互联就是一个新的品类，新的品类会诞生新的品牌，比如会诞生新的搜索品牌，比如会诞生新的新闻品牌。在PC互联上诞生的那些品牌，在移动互联时代会被极大地削弱。也许这名记者当时并没有听懂，但是有一家企业看到了这个机会。2010年，一家叫"91"的公司成立了，专门做移动互联搜索业务。三年之后，它被以19亿美金的价格卖给了百度。因为百度意识到在移动互联时代，它会受到极大的削弱，所以必须要通过收购来弥补这个弱势。新闻行业也诞生了一个新的品牌：2012年成立的"今日头条"，现在已经成为移动互联中成长速度最快、用户数量达6亿的互联网品牌。

这是规律，把握住规律，我们就能抓住战略的机会。所以很多时候我们对品类本身的理解、对品类发展的规律本身的理解远远不够。下一个10亿美元的机会是什么呢？

是中国，"中国"就是一个新品类。我认为在座各位的企业的成长，在未来10年、20年就依托于"中国"这个品类的成长。在中国市场，我们会逐渐升级、改变那些以进口品牌、合资品牌占据主要市场份额的局面。这就是中国品牌的崛起，国货的崛起！这是不可逆转的、必然的趋势。

比如手机，以前我们都用洋品牌，现在已经有很多人用自主品牌了。还有汽车，在未来5～10年，中国的汽车品牌会赶超日韩。超过韩国是必然的，赶超日本也是非常有可能的，这是必然的一个趋势。

"中国"品类的崛起，还带来另外一个机会，就是全球品牌。因为对全世界来讲，"中国"就是一个全新的品类。中国车、中国化妆品、中国茶、中国牛奶、中国奶粉、中国酸奶进入全球市场。对它们来说，"中国制造"天生就是一个新的品类，这个品类的机会是无比巨大的。

战略的历史已经终结，实践将会成为永恒。定好你的战略，选好你的品类，把握住大的品类的趋势，相信下一届峰会一定会诞生新的、更多的百亿级、千亿级的企业。

谢谢大家！

长城汽车从 80 亿～1000 亿元的七个战略要点

2008～2017 年的 10 年间，长城汽车从年销售额 80 亿元人民币的自主车企"小兄弟"发展成为年销售额超千亿元，利润过百亿元的行业领军者。利润总额在自主车企中长期遥遥领先，净利润率直追汽车行业全球第一的保时捷，创造了中国汽车史乃至全球汽车史上的奇迹。

长城汽车是一家没有合资背景和缺乏政府资源的民营车企，在其崛起的背后，战略起到至关重要的作用。作为长城汽车的战略顾问，里斯中国在过去 10 年中，亲历了长城汽车聚焦 SUV 战略的规划与实施的整个过程，特此整理长城汽车年销售额从 80 亿元增长到 1000 亿元的七大战略要点。

明确"大树型"品牌战略

品牌战略本质上属于竞争战略。商业竞争的基本单位是品牌而非企业，企业战略思考的起点应当从审视和厘清品牌发展战略开始，品牌战略最终决定企业战略。

三种典型品牌发展战略

"伞型"：企业把已有的知名品牌当作大伞，在伞下推出各个品类的各种产品，我们称之为"伞型品牌发展战略"，典型代表如日本家电企业以及中国家电企业中的海尔、长虹等，其特点是营业额高，而盈利能力弱。

"灌木型"：企业同时出击多个品类，推出多个品牌，但各个品牌在各个品类中都缺乏主导性，我们称之为"灌木型品牌发展战略"。采用该模式的多为中小企业以及部分大企业，如破产前的通用汽车，虽然拥有多个品牌，但无一处于品类主导地位。

"大树型"：企业长期聚焦一个品类、一个品牌，逐渐形成品类主导，成为企业强壮主干。然后根据品类分化趋势，适时推出第二、第三品牌，最终形成企业大树。此类企业往往竞争力突出，盈利良好。大多数行业中的领先者，如可口可乐、丰田汽车、苹果公司都属于此类代表。

相较前两种模式，"大树型品牌发展战略"具有显著的竞争优势，且适应不同规模和发展阶段的企业，是一种理想的品牌战略模式。

2008年的长城汽车：典型的"灌木"

2008年的长城汽车刚经历了一轮扩张：为实现成为主流汽车企业的目标，投资数十亿元进入轿车市场，并开发了MPV产品。但出击更多品类并未给长城汽车带来预期的销量。由于轿车市场竞争激烈，而长城汽车自身缺乏在轿车品类中的品牌基础，销售惨淡。2007年上市的轿车车型精灵月销量仅为200辆，MPV也在全国销量前10名之外。原处于SUV品类领先地位的哈弗，由于缺乏新产品而竞争力减弱，在行业第四、五位徘徊。

当时年销量不足13万辆的长城汽车，在全球车企中销量排名第37位，在中国自主车企里排倒数第二，却同时经营皮卡、轿车、SUV、MPV等品类，拥有迪尔、赛铃、赛酷、风骏、哈弗、精灵、炫丽、酷熊、嘉誉9个品牌。除了迪尔在国内经济型皮卡市场处于领先地位，其余品牌都未进入品类"数一数二"的位置，属于典型的"灌木型"。

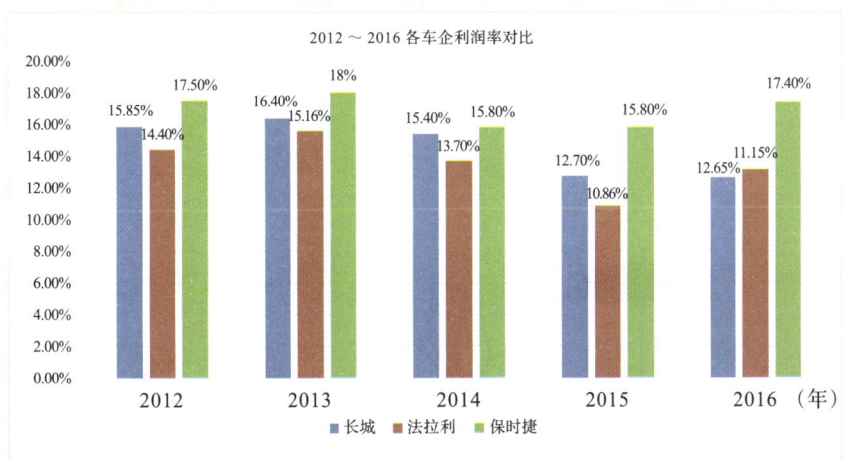

数据来源：各车企年报

从"灌木"到"大树":聚焦一个品类、一个品牌

长城若想获得持续发展并成为中国乃至全球领先的汽车企业,亟须调整品牌战略,由"灌木型"转变为"大树型"。不同体量、拥有不同资源的企业,建立"企业大树"的做法也不尽相同。

对于大企业而言,资源较为充沛,通常在确定主干品牌之后,仍有余力同时布局经营多个具有优势的品类和品牌。例如破产之后的通用汽车,保留了4个品牌,包括入门级的雪弗兰、中级车别克、高端品牌凯迪拉克,以及商用车GMC;其中,雪弗兰是其主干品牌。

中小企业由于资源有限,在面临强大对手的竞争压力时,采取高度聚焦的战略,更有可能获得相对优势。长城汽车彼时按销量列自主车企倒数第二,不仅与合资品牌实力差距巨大,与吉利、奇瑞、比亚迪等自主品牌在销量及品牌影响力上也有较大差距,因此需要采取高度聚焦战略——从聚焦一个品类、一个品牌起步。

重新定义"品类"标准

里斯提出的"品类"是一个心智角度的概念，与传统的基于行业或者销售管理的品类有本质区别。简单而言，心智中的品类就是潜在顾客如何归类和区分某些产品。

在汽车领域，长期以来形成的"品类"主要是基于价格或档次的。例如奔驰代表豪华车品类，虽然它推出了轿车、SUV、MPV等不同车型，但都具备"豪华"特征。

品类的机会常常根植于潜在顾客的思考方式。研究发现，在价格和档次之外，"车型"是消费者认知和区分汽车产品更为重要的标准。大量潜在顾客在买车前不仅会限定预算，还会考虑是买SUV、轿车，还是买MPV等某一具体"车型"。"车型"这一品类标准与主流车企的通行做法有明显差异，它更加聚焦，更加符合潜在顾客的心智模式，具备极高的战略价值。长城汽车由此确定了立足于"车型"而非"价格"来打造"品类品牌"的思路。

所谓"品类品牌"，是指"品类专家品牌"。汽车作为一个具有上百年历史的品类，本身已经十分成熟，重要的产品特性已经被占据。长城作为后进企业，要在短期内实现技术重大突破难度较大，且存在不确定性，故立足于产品技术形成品牌特性的机会微乎其微。"品类品牌"相比"非品类品牌"，具有两方面优势：①获得潜在顾客的优先选择。当消费者希望购买某一品类产品时，更容易想到某品类的专家品牌。例如，"格力"就是空调的品类品牌，潜在消费者有空调需求时很容易就想到了格力。②人们通常认为，专注某一领域的"专家"优于"通才"，即专家品牌优于非专家品牌，这是一种天然的认知倾向。

2013年，长城汽车宣布将哈弗由车型独立为品牌，成为继吉普、路虎之后全球第三个专业SUV品牌。独立后的哈弗启用全新logo，从研发到生产，再到营销等各环节，都专门组建团队来负责，并在独立的4S店销售。至此，SUV品类专家品牌初步形成。

立足趋势，选择"主干"

长城汽车在2008年定义以车型作为品类标准后，还需要确定聚焦何种车型。对于一棵大树而言，强壮的主干可以为各个分枝输送充足的养分，并且也更容易抵御风雨。长城汽车当时面临的战略难点是，如何在自己领先的皮卡品类、市场容量最大的轿车品类和增长较快且潜力未知的SUV品类之间做出取舍，识别出企业主干。

长城首先排除了皮卡品类。尽管长城在皮卡品类具有国内领先的地位，有"皮卡之王"的美誉，但从全球看，皮卡品类容量有限，主要市场集中在美国等少数国家，产品需求差异大、壁垒高，而且增长缓慢。国内由于一、二线城市限行皮卡，皮卡的市场容量小、增长缓慢，年销量长期徘徊在30万台左右，显然聚焦皮卡品类无法支撑企业发展。

接下来，长城又排除了最主流的轿车品类。无论是从全球还是从中国市场来看，轿车都属于主流品类，在国内一度占据乘用车的70%甚至更高份额，进入轿车市场成为汽车企业的"潮流"。对于市场非领导者而言，战略往往由领先者决定。从竞争角度评估，长城汽车几乎毫无机会：合资品牌主导了轿车市场，自主车企鲜有进入前 10 强的。而在自主阵营中，吉利、奇瑞、比亚迪等对手也已占据先发优势，这意味着长城即使进入轿车品类，也难以建立起主导性品牌。综合来看，轿车属于保有量大、未来增长慢、缺乏战略机会的品类。因此对于长城而言，最佳选择是做"潮流的对立面"：放弃轿车，开辟新的战场。

从消费者认知来看，与体现面子的轿车对立的，正是体现实用性的 SUV。2008 年，SUV 品类在中国乘用车市场的占比仅为 5%，某种意义上，长城聚焦战略的最大价值以及最大难点都在于此。

当时，里斯中国刚开始为长城汽车提供咨询服务，我们研究了与中国汽车消费者特征最为类似的美国汽车市场近 100 年品类发展历程，同时结合中国市场所处阶段及消费者认知特征，我们明确提出建议：SUV 属于竞争对手少、既有市场小、未来增长潜力巨大的品类，长城汽车应该全力聚焦 15 万元以下的经济型 SUV 市场，聚焦打造哈弗品牌，将其发展成为企业主干，进而主导 SUV 品类。

战略导入：先立后破

如何实施聚焦战略，与制定聚焦战略同等重要。一方面，如果采用过于简单粗暴的方式砍掉现有非聚焦业务，可能存在巨大风险：无论战略在研究上如何缜密，在设计上如何精巧，仍属于假设状态，尚未经实践验证。一种可能的风险是，由于企业能力、竞争环境变化等原因，在砍掉非聚焦业务之后,作为主干的聚焦业务却未取得预期中的进展。

另一方面,业务取舍给企业家带来巨大压力,决策不当可能导致战略根本无法推进实施。正如多年之后,长城汽车董事长魏建军所言:"其实,上马一个产品并不是那么难,但去掉一个产品是非常复杂、非常难抉择的。"在2008年,长城汽车已经投入30亿元建立了轿车生产基地。让企业的发展重心由轿车变为SUV,涉及生产、研发、供应链等各种资源的重新匹配,也意味着先期投入可能产生巨大浪费。

我们为长城汽车的战略实施确立了"先立后破"的原则。首先调整公司的业务顺序,将最重要的业务品类由轿车调整为SUV。这样,汽车企业最重要的内部资源——研发开始向SUV倾斜,优先确保SUV的研发计划和资源投入。对于当时的长城汽车来说,研发资源首先确保了SUV品类的开发后,很难再为轿车品类提供充分资源。这意味着,长城汽车在核心资源上已经实现了真正意义上的聚焦。同时,这一做法降低了董事长魏建军的决策难度,使战略的实施得以顺利展开。

产品布局:聚焦主航道

品类进入高速发展阶段,会不断出现新的品类机会:如大型SUV、小型SUV等,比较普遍的做法是布局品类中的所有机会,而由此产生的风险是无法实现资源的有效聚焦,容易错失最有价值的市场。哈弗的战略目标是成为全球最大的经济型SUV品牌,应当首先确保占据品类最有价值的部分,也就是经济型SUV品类中市场的"主航道",避免在小众、支流市场分散过多资源。

"10万~15万元,紧凑型尺寸"是经济型SUV销量最大的市场定位,也是哈弗品牌产品布局的主航道。在这个主航道上,哈弗逐渐形成H6、H2两个大单品。从消费者的心智来看,品牌的竞争力与品牌所代表的产品数量成反比;从运营来看,大单品有助于提升企业运营效率,降低运营成本——通过多个车型将整体规模做到第一,远不如打造一两款明星车型更有价值。

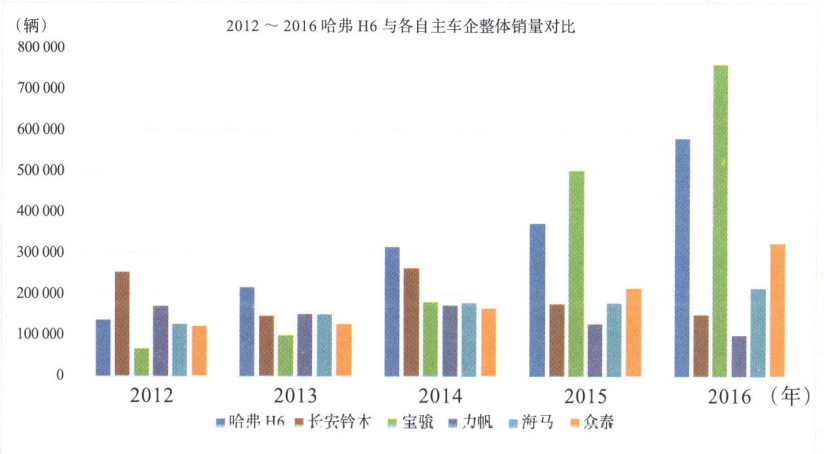

数据来源:长城汽车年报,515汽车排行网,搜狐汽车

如今,H6不仅长期雄踞中国SUV销量排行榜冠军位置,而且已经成为品牌流量的最大入口和企业利润的主要来源。H2也表现不俗,长期居于国内SUV市场前10强,一度进入品类前3。

及时进化

聚焦的精义不仅在于"不做什么"或者"只做什么",更在于"因为只做什么,所以做到最好"。这意味着采取聚焦战略的企业要及时进化,做到极致。

SUV 市场的高速增长,吸引了合资、自主车企纷纷推出 SUV 产品,竞争进一步加剧。要确保品牌在品类中的地位,领导者必须及时进化。哈弗充分发挥聚焦优势,做到了更新换代速度遥遥领先于同级别对手,确保核心品项每年都有新车,从而建立稳固的市场地位。

竞争反过来也推动品牌的进化,随着时间的推移,H6 逐渐暴露出在核心动力总成上的短板,如自动挡产品供应不足,发动机优化缓慢。竞争对手针对老 H6 的短板,展开强势进攻,给 H6 贴上了"油耗高""小马拉大车"等负面标签。长城汽车勇于面对自己的不足,投入巨资整合全球研发资源,研发出国际领先的直喷涡轮增压发动机和 7 速湿式双离合变速器,同时打造同级领先的铠甲安全系统。随着 2017 年新一代 H6 上市,哈弗补齐了短板,产品重新回到同级领先,进一步夯实了领先地位。

适时分化

聚焦的理念与多元化并非完全矛盾,随着原有品类增长空间遭遇"天花板",企业要持续发展必然会涉足新的品类。其中的关键,在于时机的权衡以及具体做法。基本的原则是,在某一阶段企业应该确保把资源聚焦在一个品类,避免同一时间发力多个市场和品类;对于不同品类,应采用不同品牌。

企业多元化，品牌则保持专业化和聚焦。这也正是"大树型"企业与"灌木型"企业、"伞型"企业的区别所在。

哈弗：长城汽车"大树"主干

企业的第一个品牌是推出第二个品牌的基础。当第一个品牌处于主导地位的时候，通常意味着它已经较为稳固，使得管理层可以把注意力投向新品牌，同时也意味着它能为企业带来较高的、稳定的利润，为培育第二品牌提供资金支持。主导品牌的光环效应也将为第二品牌的成功带来帮助。至2017年年初，哈弗已经连续14年在中国SUV市场销量排第一，年销量近百万台。

H6连续50多个月在中国市场SUV销量第一，屡次刷新中国乘用车市场单月销量纪录。H6单一车型的销量甚至超过或相当于部分自主车企所有产品的销量之和，成为长城汽车企业"大树"坚实的主干。

15万～20万元SUV品类机会

从宏观来看，伴随中国近年来的快速发展以及对全球影响力的提升，"中国制造"作为一个国家品类已经崛起，为众多中国品牌带来机会。首先产生的效应是中国消费者对国产品牌的接受度提升。而随着外资品牌的认知优势的减弱，最终中国品牌将逐渐主导中端市场。这种现象在家电、手机品类已经显现，汽车将有望成为下一个品类。研究显示，日韩汽车品牌在中国消费者心智中地位下滑明显。韩国品牌尤为突出，它相对于中国汽车品牌，已不具心智优势。

消费者升级是中国市场的另一趋势。SUV市场经过10年发展，开始进入升级阶段，我们预计 15 万元以上 SUV 市场将出现新的增长点。从竞争看，在此价格区间的合资品牌，普遍配置不高，产品竞争力较弱，性价比较低，难以满足当下消费升级的需求。相形之下，中国的自主品牌产品竞争力则有大幅提升，具有明显竞争优势。15 万～20 万元 SUV 品类存在明显的品类分化及战略机会。

WEY：新品类、新品牌

从企业内部来看，15 万～20 万元市场仍属于 SUV 品类，继续使用哈弗品牌并无不妥。但从外部消费者来看，哈弗代表 15 万元以下的经济型 SUV，如果用哈弗品牌推出 15 万元以上的 SUV，则受限于既有认知，很难获得长期成功。另一方面，也会影响哈弗品牌在 15 万元以下市场的主导性。实际上，长城汽车也尝试过以哈弗品牌推出 15 万元以上的 SUV，即哈弗 H8，这款产品并未成功，反而给长城汽车企业带来巨大损失。

2016 年 11 月，在哈弗品牌年销百万台之际，长城汽车发布了中国首个豪华 SUV 品牌"WEY"。WEY 采用了长城汽车董事长魏建军的姓氏命名，全新组建了来自宝马、奥迪等豪车企业的设计、管理、研发团队，同时采用了全新渠道。2017 年 4 月 25 日，WEY 品牌正式上市，两个月后赢得 2 万多台订单，打开了长城汽车全新的发展空间。

WEY 的推出和初步成功，标志着长城汽车已经初步形成了单一焦点"SUV"核心业务下多品牌的"大树型"品牌架构。其中，哈弗作为主干品牌聚焦 10 万～15 万元市场，WEY 则聚焦 15 万～20 万元市场。两个品牌各自聚焦单一市场，是长城聚焦战略的一个深化。

结束语

10 年是一个基本的战略周期，千亿元营业额、百亿元利润仅仅是长城汽车聚焦战略的初期成果，其战略优势在未来几年将愈发显现。随着哈弗走向全球、WEY 在 15 万～20 万元市场的崛起，长城汽车总营业额预计将超过 2000 亿元或 3000 亿元，成为世界级的汽车企业。

注：里斯中国公司自 2008 年开始连续 10 年为长城汽车提供战略定位咨询服务。

老板牌油烟机成为全球第一的三个战略定位要点

权威市场调查机构欧睿国际（Euromonitor）于2017年年初发布了全球自有品牌油烟机的销量排行，老板牌油烟机2016年位居全球第一，继2015年之后再次夺冠，这是中国家电品牌在高端市场获得的首个全球冠军。老板全球夺冠的背后，战略定位至关重要。作为老板电器的长期战略顾问，里斯中国公司在过去5年里协助老板电器厘清并实施了全新的战略定位，本文撷取了其中的三大要点。

Brand shares (Global - Historical Owner) | Historical | Retail volume | % breakdown

品牌	公司名称（GBO）	2015	2016
Cooker Hoods			
Robam	Hangzhou Robam Industrial Group Co Ltd	5.0	5.9
Fotile	Ningbo Fotile Kitchenware Co Ltd	4.3	4.7
Broan	Nortek Inc	4.4	4.6
Fuji	Fuji Industrial Co Ltd	3.7	3.7
Vatti	Zhongshan Vatti Gas Appliance Stock Co Ltd	3.0	3.6
Siemens	BSH Hausgeräte GmbH	3.4	3.4
Midea	Midea Group Co Ltd	2.8	2.9
Haier	Haier Group	2.6	2.8
Shuaikang	Zhejiang Shuaikang Co Ltd	2.3	2.0

资料来源：欧睿国际。

厘清品牌所代表的品类

真正的品牌并非仅仅是广为人知的名字，而是潜在顾客心智中的品类代表。品牌要代表特定的品类，否则即使有较高的知名度，也无法与消费者的购买行为产生关联。例如，尽管海尔品牌具有较高知名度，但由于海尔在潜在顾客心智中代表的品类是冰箱，海尔手机很难进入消费者心智中，消费者购买手机时也很难想到海尔。所以，老板品牌战略定位的首要问题是：老板究竟代表哪个品类？心智中的品类。品类是定位理论近些年来在实践中发展出的革命性概念，需要注意的是，品类来源于顾客视角，而非行业或者企业内部。从行业或者内部视角看，老板电器有厨电这一清晰的品类。老板的品牌传播在2012年前也是绑定的厨电品类，希望打造厨房电器领导品牌。但在消费者的认知中，厨电是一个伪品类。

消费者以品类来思考，以品牌来表达。在判定一个品类概念是否为消费者心智中真正的品类时，一个简单的方法是评估消费者自己（或者通过企业灌输理念之后）会不会以品类来思考——如消费者是否会说"我要买一台厨电"？这显然不是消费者的思考方式。

消费者认知中真正的品类是油烟机、燃气灶等，而老板品牌在消费者认知中属于油烟机品类。在厨电产品中，油烟机是消费者最为关注的品类，消费者通常先决定购买油烟机，然后再选择其他产品。一旦老板品牌代表油烟机品类，就占据了厨电消费的最重要入口。

战略目标不等于战术市场

商业界有一个普遍的现象，随着业务的扩张，企业不断扩大品牌所代表的品类，以期带动全线产品的销售。例如老板品牌就曾经将自己最初的油烟机业务，调整为产品面更宽的厨电甚至电器业务。一些原本专注于销售橱柜、衣柜、沙发或床垫等品类的品牌，近年来也纷纷将自己的品类"升级"为家居或者全屋定制。立邦从墙面漆起步，已经成为潜在顾客心智中墙面漆品类的代表，随后逐步进入腻子、防水、瓷砖胶等品类，并将品类升级为"全层涂装体系"，这可能并不是符合潜在顾客心智认知的品类。从企业内部看，拓宽品类的做法似乎"解决"了产品扩张的问题，而实际上当品类拓宽之后，往往不再是顾客心智中清晰的品类，品牌的代表性受到稀释，品牌长期竞争力受损。

以上做法的根源，往往在于企业未能厘清认知和生意之间的关系。战略的目标不等于战术的市场，从品牌长期目标以及顾客的心智认知规律看，品牌必须代表某一狭窄的品类，虽然这并不意味着企业不能经营品类之外的商品。

例如，麦当劳在潜在顾客心智中代表的是汉堡，但并不妨碍麦当劳销售可乐；麦当劳并不必也不能专门宣传可乐。老板品牌聚焦于油烟机品类，但并不意味着老板品牌不能再销售燃气灶和消毒柜。主要的原因源自消费者的购买习惯：基于外观风格、尺寸等搭配因素考虑，消费者在选定油烟机之后，倾向于购买同一品牌的燃气灶等产品。所以，老板品牌在顾客心智中代表油烟机品类后，可促进燃气灶、消毒柜等成套销售。

品牌的品类边界

然而，以上分析并不意味着一个品牌下可以任意增加产品品类。品牌的品类边界，通常由消费者认知和市场竞争来决定。

认知决定品类边界。首先，我们要基于认知来评估哪些品类具有关联性。在消费者的认知中，油烟机品类与燃气灶、消毒柜等品类具有关联性，但与电饭煲、压力煲等品类则缺乏关联性。从消费者的行为来看，电饭煲、热水壶等品类并无与油烟机配套的认知基础。实际的市场销售情况也印证了这一点：油烟机作为厨房电器中最核心的品类，能够带动燃气灶、消毒柜的购买，但对于厨房小家电的带动作用明显减弱。老板品牌的小家电产品就销量不佳。

同样，作为咖啡馆品类的代表，星巴克销售搭配咖啡的甜点以及茶饮，都符合消费者的认知和预期，但如果销售酒精类饮料则与顾客的认知相冲突。

竞争决定品类边界。市场竞争同样影响品牌的品类边界。某种意义上，正是华帝等燃气灶品牌在采用全线产品的战略，给老板品牌创造了以油烟机带动燃气灶、消毒柜销售的机会——如果主要竞争对手都在进行产品线拓展，那么优势就会回到领先品牌那里。又如，当所有的橱柜品牌都升级为全屋定制时，橱柜品类的领导者欧派又可以重新获得优势。

所以，决定立邦全层涂装战略成败的关键不在立邦本身，而在竞争对手的做法。如果在防水、瓷砖胶等品类上，雨虹、德高等专家品牌以保持高度的聚焦给予反击，那么立邦品类的边界可能将被限制在墙面漆品类中。如果这些专家品牌也采取产品线延伸的战略扩大品类，那么立邦的品类边界将得以扩大。

定位确定品牌在品类中的最佳位置。品类的概念厘清了品牌"是什么"的基本命题，定位则需要解决"为什么"的核心问题，即在品类中为何选择某一品牌。定位的本质是寻找和选择品牌在品类中能占据的最佳、最有利的位置，即顾客首选。

从认知评估定位

领导者定位（leadership positioning）是一种优先选择的强有力定位，当一个品牌处于领先地位时，最佳选择是占据领导者定位。不过，为何实践中仍然有大量旨在实现领导者定位的企业，却未取得预期的效果？

原因之一是缺乏清晰的品类定义。一旦品牌未能依托一个心智角度的品类，定位的效果将必然大打折扣。比如某知名厨电品牌所传播的"高端厨电专家与领导者"的定位就属此类。如前所言，厨电是一个行业品类，而非消费者角度的品类。

另一个更容易被忽视的重要原因，是企业未能充分评估领导者定位的认知条件。

总体上看，存在较大认知落差的情形时，领导者定位更为有效：品牌事实上是品类的领导者，但很多消费者并不清楚。认知上的落差，能够有效提升和巩固品牌的心智地位，发挥最大定位效能。所以，领导者定位通常对于软性的、能见度较低的产品比较有效，如软件、服务等。而对于能见度较高的品类，如快餐连锁等，效果就大打折扣，因为消费者很容易从店面数量感知到哪一个品牌占据领先地位。

在两个品牌势均力敌的情况下，领导者定位很难帮助其中某一品牌拉开差距，除非另外一个犯下巨大错误。原因在于，"第一"无疑是最具有竞争性、最有价值的定位，但由于国内法规限制，中国市场上无法传播"第一"，而"领导者"在汉语中的含义并不具有绝对的独占性。例如，可口可乐和百事可乐都被认知为饮料行业领导者。在油烟机品类中，老板和方太一直处于胶着状态，消费者无法分辨到底谁是第一，双方都属领导者。由于不存在较大的认知落差，尽管方太投入巨资用于领导者定位的传播，仍无法与老板拉开差距。

从品类属性评估定位

品类价值有助于评估定位中的"为什么"，即从品类的属性评估定位的可行性和价值。将产品做到高端曾经是老板电器发展过程中的成功经验，也是老板品牌的重要特性。但是，当竞争对手率先开始传播"高端专家与领导者"的概念时，对于是否要抢占高端定位，成为老板品牌定位研究中一个关键分岔点。

从品类属性来评估高端定位，我们发现，对于炫耀性商品的品类，高端是对消费者产生吸引力的差异化方向，例如，在购买烟酒时，高端是强有力的购买理由。而油烟机属于功能性品类，社交和身份炫耀的属性弱，消费者对功能的关注远大于对高端的关注。消费者认为，"价格贵的，功能自然更好"，换言之，老板品牌的高价，是对自己潜在功能定位的一个有力配称。产品高端，对于强化消费者认可老板的定位方向有很重要的支持作用；但是传播高端的概念，却并非最能吸引消费者的因素。

发现有效战术

成功的战略并非纸上蓝图，常常体现于有效的战术中，尤其对于老板电器这样的领先品牌，其成长过程中必然暗含一个有力的定位尚未被发现和明确为战略。

研究发现，老板在产品研发上一直有持续的思路：注重风量提升，提高吸油烟效果。长期以来，老板产品的风量指标一直引领行业不断突破新高。2008年，老板推出了国内首台17风量的油烟机，将油烟机带入大风量时代。

对一线销售人员的走访发现，大风量是老板产品区别于竞争对手最为重要的特点；同时，大风量又是消费者最容易感知的特点，也是销售人员有效销售说辞的关键卖点。当老板油烟机还没有在广告上对大风量进行充分传播时，一线的销售人员已经将之作为最重要的销售利器了。由此可以初步确定，大风量就是老板品牌尚未被重视和放大的有效战术。

占据品类第一特性

每个品类都有多个特性，领导品牌在占据品类第一特性时具有先天优势。例如，凉茶的第一特性是防上火。那么，哪个凉茶品牌占据防上火的特性？

当然是凉茶的领导品牌王老吉。豪华汽车的第一特性是声望,同时乘坐舒适。哪个品牌占据声望?当然是领导品牌奔驰。因此,当非领导品牌试图占据品类第一特性时,往往很难奏效。

研究发现,尽管消费者对于油烟机最关注的特性是吸力,但行业在2008年前无一品牌传播吸力强。即使老板在产品研发上刻意针对风量持续强化,在品牌传播上却一直没有突出吸力强的概念。

当时生产油烟机的企业普遍认为吸力强是品类的基本要求,每个品牌都将注意力放在寻找自己的差异化特性上,如外观设计、易清洗、静音。这使得吸力强这一特性处于明显的空缺状态。

某种意义上,占据品类的第一属性,就是占据最佳心智位置。从认知的角度来看,品类第一特性往往属于领导者。换言之,一旦品牌占据品类第一特性,就更容易成为领导者。

避免"军备竞赛"

定位的目标是占据潜在顾客心智中的空缺点,形成认知优势,以最终有效防御竞争对手的模仿和进攻。老板油烟机有效的战术是大风量,但从消费者层面看,吸力强才是其关注油烟机的第一特性。研究发现,在消费者的认知中,大风量几乎等同于大吸力。但综合权衡之后,我们建议老板油烟机的品牌定位为大吸力,这主要是因为大风量仅仅是油烟机的技术指标,并且是单一技术指标,很容易被对手跟进模仿超越。传播大风量会将企业拖入单纯提高指标的"军备竞赛"。例如,老板推出17风量的油烟机之后,竞争对手纷纷推出风量指标更大的20风量甚至22风量的油烟机。

同类的例子，如宝马汽车。宝马的定位是驾驶，宣扬自己驱动力强，这是一种心智认知。但如果宝马宣传自己的汽车马力大，就很容易将自己拖入马力的具体数值竞赛的陷阱，难以建立定位。

定位指引运营配称

在明确了品牌的品类和定位后，尽管此时已经找到了赢得心智之战的利器，但如果缺乏运营配称的支持，品类和定位将沦为一句口号，无法将两者的战术优势转化为战略。

定位提供取舍标准

战略必然涉及取舍，如何取舍往往是企业最难把握之处。定位为取舍提供了清晰的标准，企业可以根据定位来判断运营事项的轻重缓急，并进行取舍。

以产品为例。明确大吸力定位后，如果老板仍生产销售中小吸力产品，将导致品牌战略的"骑墙"，大吸力定位的可信度也将受质疑，从而损及战略根基。因此老板在产品上做出的第一个重要调整，就是宣布停产非大吸力产品。从短期来看，取舍可能会影响销售，但从长期来看，随着大吸力定位的建立，它将有效拉动产品销售。

定位指引研发方向

定位令企业的研发方向更加清晰明确。随着明确大吸力的定位后，老板在技术上更加聚焦于油烟机吸力的深入研究，并不断取得突破。老板的研究人员还发现，由于大部分楼房设置的是公共烟道，要保证油烟排出，让消费者体验到大吸力的效果，不仅需要风量，还需要一系列如风压等技术指标的配合。于是，老板开始提升风压等指标。

深入研发最终体现为产品的优势，当行业对手还在跟进大风量产品时，老板油烟机重新定义了大吸力的技术指标，率先推出第四代大吸力油烟机，以"双倍风压、超大风量"为技术特点，再次占据大吸力定位制高点。

定位视觉化：视觉锤

通过高度的信息聚焦，定位可以达到"一词占据心智"的效果。定位都是通过文字表达的，定位如同钉子，需要视觉这把锤子帮助其植入人们的心智。大吸力是一个比较抽象的文字概念，如何将其视觉化是令定位产生更大威力的关键。老板最初尝试过使用蓝鲸——世界上吸力最大的生物，以期用一种具象的形象来演绎定位。尽管这是一个很有差异化的创意，但是在实践中，蓝鲸吸力大的特点并未得到人们的普遍认知，消费者难以由蓝鲸直接联想到大吸力，传播效率不如预期。

最终，老板从自己最具威力的零售终端实验——吸木板实验中，发现了视觉锤的原型。在这个实验中，老板油烟机将一块重15千克、中间打孔的木板牢牢吸住。大多数消费者在目睹这个实验之后，都会被老板油烟机的大吸力所震撼，留下深刻的印象——相当多的消费者到专卖店里直接点名要"那个能吸木板的油烟机"。

这个道具和实验，正是大吸力最为直观的体现，成为老板品牌最佳的视觉锤。

定位成为营销传播的核心

一旦明确定位，营销传播中的核心主题"说什么"就迎刃而解了，同时也为公关、广告创作"怎么说"提供了清晰的指引。以广告为例,老板品牌在全新定位后的第一组广告信息是:大吸力油烟机。过了5年,新一组广告信息换为:第四代大吸力油烟机。两组广告看起来几乎没有任何创意,却在消费者认知中留下了清晰的烙印,对产品销售产生了巨大拉力,其原因在于两句广告词切中了潜在顾客的心智模式。

在定位的指引下,老板环环相扣的运营活动形成了品牌定位的配称系统,让定位从广告战术发展成为战略,也为品牌在形成心智壁垒之前构筑起了一道护城河,令老板的战略难以被对手完全复制和模仿。这就是众多油烟机品牌都在跟进大吸力产品,但无一对老板电器产生实质影响的原因。

老板电器在实施了全新战略定位的一年后,油烟机销量就实现了行业第一,并逐渐拉开了与竞争对手的差距。燃气灶、消毒柜品类也相继在国内领先,聚焦品类带来的光环效应开始显现。如今,老板油烟机销售连续两年在全球领先,仅仅是老板战略定位的阶段性成果,老板的战略实践将为中国家电打造世界级品牌提供更多探索经验。

注:里斯中国公司自2012年年底连续7年开始为老板电器提供战略定位咨询服务。

杰克缝纫机——B2B 企业的定位战略实践

2012～2017 年,杰克缝纫机由中国第三品牌跃升为国产品牌中的绝对领导者,占国产缝纫机品类 30% 以上份额;销售额攀升至全球第二,仅次于日本重机。2017 年上半年,公司营业收入 13.8 亿元,净利润 1.4 亿元,同比增长均超过 40%;净利率连续 5 年超过 10%,远高于机械设备企业的平均利润水平。2017 年年初,杰克股份在上证交易所成功挂牌上市,基本面提升驱动股价突破"次新魔咒",市值稳创新高。

不同于高速增长的品类,工业缝纫机品类已进入市场成熟期,总容量呈平稳态势。在杰克缝纫机的销售额与净利润多年保持稳定增长的背后，聚焦战略起到决定性作用。作为杰克缝纫机的战略顾问，里斯中国在过去 5 年中亲历了它聚焦战略的形成与实施过程。

定位理论在 B2B 行业的适用性

在中国市场，由于早期定位理论的应用模式以及成功案例的影响，很多业内人士形成了一种看法：定位理论适用于快消品行业，依赖于大规模广告迅速抢占消费者心智，不断提升市场份额。而对于定位理论在 B2B 行业的适用性，则存在质疑：行业下游客户以专业消费者为主，在客户对品类特性充分了解的前提下，定位能否影响客户的心智？大规模广告在 B2B 行业的投放效率低下，难以充分接触消费者，在此条件下如何传播？定位理论应该如何指引 B2B 企业的战略推进？

消费者的改变

消费者的变化是 B2C 与 B2B 行业的最大差异，并由此带来传播方式和资源投入方向的差异。

传播方式差异

B2C 行业的潜在客户是大众消费者，目标客户广泛，单位客户对企业贡献的销售额较低，品牌商倾向于采用具有普适性的大众营销手段尽可能多地覆盖消费者。

B2B 行业的潜在客户是企业用户，客户量少但单位产值高，品牌商更倾向于采用点对点的营销方式深度影响消费者，销售员"扫街"、定期拜访、参加展会等方式都是典型的传播手段。如销售罗汉果甜味剂的吉福思在美国市场的年销售额超过 1 亿美元，仅依靠 3 名销售人员即可完成对所有客户的深度拜访。

资源投入方向差异

B2B 消费者具备较强的专业性，同时，更高的采购成本会延长决策流程，消费者在接触品牌后会进一步通过产品或服务建立深度认知。因此，相比于简洁有力的定位口号，能说话的产品或者超预期的服务是建立 B2B 品牌认知的最佳方式。

在战略的指引下，B2B 企业应投入更多资源用于产品和服务的提升。

心智规律不变

虽然消费主体不同，但心智规律不变，是定位理论能在 B2B 行业发挥作用的根本原因。

里斯先生提出定位理论的首要原则为："商业的终极战场是消费者心智"，消费者做决策时，对品牌认知的重要性高于事实本身。B2B 消费者虽然具备更强的专业性，但同样遵循心智规律，优先通过既有认知做购买决策。例如，饲料生产机械的供应商发现，很多下游客户的采购员通常没有饲料机械的知识背景，与普通消费者类似，他们也依靠认知判断品牌的优劣。

定位理论的进化

定位理论的不断进化，使其对各种类型的商业具备更强的普适性。品类战略作为定位理论的最新发展,提出"品类是品牌背后的力量",品牌的强弱取决于品类的大小和品牌在品类内的主导力,战略规划的第一步是寻找最具潜力的主干品类。品类战略的实施同样深入企业运营细节:产品线规划、渠道规划、公关与营销等,这些都能够指引 B2B 品牌从多维度建立客户认知。相比之下,仅仅依赖大规模广告传播定位口号,对 B2B 消费者的影响力则非常有限。

杰克战略定位的核心:聚焦

工业缝纫机品类处于服装品类上游,早已步入成熟期,其工业品属性也决定了品类容量的波幅较大。杰克缝纫机在经历早期高速增长后,2012 年国内市场销量出现断崖式下滑,下滑速度显著高于行业平均水平,营业收入落后于中捷、标准等国内主要竞争对手。

2013 年年初,里斯中国与杰克合作启动战略咨询项目时,面临两大核心课题:

▶ 对于步入成熟期、市场容量波动较大的品类,企业增长的核心动力是什么?如何规划企业的最佳发展路径?

▶ 产品高度同质化,如何从众多品牌中脱颖而出?

聚焦主营业务是企业增长的核心动力

企业通常最容易犯的错误之一就是低估现有品类的增长潜力,高估自身在新品类的发展前景。对于增长放缓的成熟品类,企业销售额的增长核心来自市场份额的提升,包括对竞争对手的挤出效应,以形成销售额和利润率双向突破。2011年至今,防水材料市场复合增长率低于5%,但龙头企业东方雨虹的销售额复合增长率超过30%,净利润率更是从4%增长至15%。

工业缝纫机企业向新兴行业转型是普遍选择,中捷、上工申贝等竞争对手纷纷通过并购延伸至其他新兴品类。品类较低的市场集中度,给予了领导品牌充分的增长空间,杰克缝纫机通过持续投入资源强化主干品类,迅速拉开与主要竞争对手的距离。

战略规划的核心:预测未来趋势

聚焦意味着企业将大部分资源集中于主航道,寻求在相对狭窄的市场上建立牢不可破的优势。鉴于资源的集中性投入,聚焦对于战略方向的选择提出严苛要求,预测未来、判断趋势成为战略规划中的核心问题。所谓聚焦经营,就是预测未来所在,并采取特定步骤,促使未来实现。

品类聚焦:把握中国制造崛起的系统性机会

从客户心智出发,工业缝纫机品类可以按照价格和机型进行两个维度的分化。

杰克缝纫机最早依托国产包缝机品类建立影响力,战略的第一步是持续强化对国产包缝机品类的主导性。在此基础上,企业存在两种发展路径:

纵向:从主导国产包缝机进一步主导

整个行业的包缝机品类,尤其是高档包缝机。

横向：从主导国产包缝机进一步主导

整个国产缝纫机品类，尤其是国产平缝机。

如何选择品类聚焦的路径，取决于品类的未来空间和杰克缝纫机主导品类的机会。

研究本品类在高阶市场的发展历史，映射了当时的消费需求与竞争环境，低阶市场未必完全重复高阶市场的发展轨迹。但是心智规律的共性，决定了不同市场的消费者需求从统计角度具备共性，引导品类按相似的路径分化。品类在高阶市场的发展也会对低阶市场的企业产生示范作用，促使品类发展路径出现人为复刻。

纵观发达国家的工业缝纫机发展史，主要生产国都经历了全球性转移。新兴生产国通常先以低价切入，分化原有市场；之后逐步提升品质，如果品类原有领导者缺乏性价比优势，领导地位即被后来者取代。第二次世界大战后，日本、韩国以及中国台湾地区的品牌曾先后以低价分化欧美企业主导的品类；进入20世纪90年代，工业缝纫机品类的制造开始向中国全面转移，中国品牌依靠性价比优势逐渐抢占日本品牌份额。与此同时，部分企业在机型上进一步分化市场：飞马、银箭、富山通过聚焦包绷缝机分化原有品类。

回顾发达国家的缝纫机发展史，价格档次是品类第一分化标准，机型是第二分化标准。相对于包缝机品类，国产缝纫机品类崛起的趋势更为显著。

研究产业发展的普遍规律

相似品类在本土市场的发展趋势对本土品类有指导意义，相比于小众品类在发达市场的信息，大众品类或本土市场的信息更容易获取，具备实践意义。

纵观制造业整体情况，产业的全球战略转移存在如下规律：

- 从相对发达的国家和地区转向次发达国家和地区，再由次发达国家和地区转移到发展中国家和地区。
- 从劳动密集型产业开始，进而发展到向资本与技术密集型产业的转移。
- 随着工业技术增强、人力成本上升，我国正处于承接资本与技术密集型产业，同时劳动密集型产业逐步迁出的阶段。国产缝纫机品类的不断扩大，符合产业发展基本规律。

判断企业的能力边界

品类趋势决定机会所在，企业自身能力决定能否把握机会。认知中，杰克缝纫机在包缝机上的相对优势依托于国产缝纫机品类，与日本飞马品牌差距明显，与同属国产品类的标准相比也有一定差距；技术上，杰克与飞马差距明显，高档包缝机突破难度极大。另一方面，杰克缝纫机在国产平缝机品类有一定认知基础，技术差异小。

由此里斯中国界定，国产缝纫机品类是比包缝机品类更值得杰克聚焦的品类。

客户聚焦：如何预判下游产业的深刻变化

在确定杰克聚焦缝纫机品类之后，下一个关键战略问题是杰克究竟应该聚焦哪些客户。是那些规模化的大众型服装企业，还是中小型服装企业？这需要对未来服装产业的发展趋势做出预判。然而，从战略研究乃至战略决策的角度来看，最大的挑战在于，在趋势真正到来之前，往往无法获取成熟的量化数据。对于企业而言，最大的机会和风险都在于此，为此，里斯中国设计了多维度、立体的研究方法，对服装产业的未来趋势做出预判。

市场定性走访

市场走访能获取一手信息，虽然样本抽查的方式无法保证信息的完备性，但在行业数据匮乏的背景下仍然能提供有效的直观认知。

在里斯中国实地调研的 8 个典型市场中，无论是杰克经销商的客户名录，还是服装厂分布，都呈现出服装企业小型化的趋势。

观察供需端的变化信号

供给与需求端的变化是品类趋势改变的重要信号。如果无法取得一手信息，研究供给与需求趋势有助于预测品类发展路径。

需求端：①消费者对服装的需求趋于个性化、时装化，小型服装企业管理灵活、适应性更强。②服装在电商渠道的占比高速增长，小批量、多 SKU 生产更符合电商渠道需求。

供给端：服装工人多为当地女工，在工人愈加重视生活舒适性的趋势下，小型化的服装企业管理灵活、效率更高，能使工人兼顾家庭，满足弹性工作需求。

参考发达市场的发展规律

与缝纫机产业类似，服装产业属于劳力密集型产业，产业产能转移的大方向是追逐更低的成本，从发达国家和地区向发展中国家和地区转移，因而发达国家和地区的品类发展有直接借鉴意义。

日本：20世纪80年代后期，日元升值以及之后的经济崩溃，导致服务企业不断向中国内地转移，日本国内仅保留一部分小型服装厂，用以满足国内个性化服饰的需求。

中国香港：行业就业总人数减少幅度大于厂商的减少幅度。

中国台湾：服装厂商平均从业人数从2001年的37人/厂，下降至27人/厂。

整体而言，发达国家和地区在服装产业迁出的过程中，依然保留部分中小型服装厂，以满足国内消费者的个性化需求。中国内地目前也正在经历部分服装厂迁出、企业小型化的转变。

多个维度的研究结论都证明，服装产业正从标准化、批量化、规模化的大企业模式向个性化、小批量、多单次的中小企业模式发展，对此，里斯中国建议杰克缝纫机将核心资源投向中小型服装厂所需设备与服务。

定位聚焦：差不多的产品，差异化的服务

定位的本质是"一词占领心智"，领导者或潜在领导者的最佳定位是抢占品类第一属性。

大型服装企业的核心需求是产品质量稳定，确保工厂连续运行；与之相对应，中小型服装企业由于资金受限，缺乏备用机器和机修工，对服务的需求远大于大型企业，尤其是快速服务。在国产缝纫机产品高度同质化的背景

下,杰克缝纫机的最佳定位方向就是快速服务。

聚焦的实践:集中资源

从战略规划角度,聚焦意味着取舍;从资源配置角度,在原有经营范围内"做减法"的最终目的,是为了在聚焦的主航道上做"做加法"。聚焦经营意味着企业需要集中资源,紧扣战略方向,打造环环相扣的运营配称系统,在焦点上建立牢不可破的优势。

聚焦战略对杰克的配称指引,体现在以下方面。

产品线规划

产品线聚焦不仅提升核心价位区间的产品竞争力,同时降低非核心产品的研发、开模成本,提升利润率。杰克缝纫机将研发资源重点投入国产缝纫机核心品类,并顺应电脑机对普通机的替代趋势,在核心价位区间内开发有竞争力的产品,在此基础上剔除销量低、竞争力不足的产品。战略执行后,缝纫机品类净利率从7%~8%提升至13%~14%。

渠道拓展

为触达更多的中小客户终端,聚焦销售资源全力帮助区域代理拓展二级经销商,全国范围内的经销商从400家发展至1200家,全球经销商从1500家发展至5000多家,庞大的经销商网络为杰克缝纫机建立起客户数量壁垒。

国内战略实施第一年,在行业整体增长乏力的情况下,杰克缝纫机恢复强劲动力,全球销售额增长率超过50%,国内增长率超过110%,战略变革试点区域的增长率高达 150%～200%。

战略的推进：从国内到全球

聚焦的节奏：调整与坚持

聚焦是战略层面的取舍，不需要经常改变，真正有影响力的战略都需要长期坚持，聚焦变化的周期往往以 10 年而不是 1 年为单位。但另一方面，随着市场环境、竞争对手、企业自身资源的变化，即使最有影响力的聚焦也迟早会过时，此时公司就应该重新调整聚焦方向。

随着国内市场战略的顺利推进，2014 年，杰克缝纫机又与里斯中国开展国际市场的战略合作。面对全新的市场环境，须重新界定应对新市场竞争格局的战略方向。

战略一致性原则

在一个品牌从本土市场向全球市场扩张的过程中，首先需要考虑的是如何在新市场站稳脚跟。最理想的方式是复制现有市场的战略，保持老市场与新市场战略的一致性，从而降低运营风险，增加成功概率。

其次，在海外众多市场中，优先进入与本土市场具有相似格局且容量与潜力较大的市场。

品类

品类的一致性意味着以现有品类进入新市场，即便出现调整，更多体现在价格档次的微调，而非品类边界的重新定义。可口可乐一款产品供全球，长期聚焦经典口味；小米在印度市场延续聚焦低价手机品类，都是保持品类一致性的典型案例。

杰克缝纫机在海外市场同样延续在国内市场的品类界定，继续聚焦国产缝纫机品类。

品牌

在互联网广泛普及、品牌名普遍双语化的背景下，保持品牌名的全球统一有助于缩短在海外新市场建立认知的周期。另一方面，英语品牌名应以便于英语发音为基础，降低传播门槛。华为保持了在全球范围内品牌名的统一，品牌名均为"HUAWEI"，但"HUAWEI"在英语中比较难发音。更好的方式是冲破汉语拼音的制约，建立易于英语发音的品牌名。杰克的英语名"Jack"已在多个市场建立初步认知，因此继续沿用"Jack"品牌名。

定位

在新市场建立定位的最佳方式是沿用原有市场的定位，以保持传播和资源配置的一致性。但如果市场环境发生明显变化，则须做相应调整，并协调新老定位的延续性。

相比国内市场，海外市场的中小客户更关注服务质量，从消费者需求出发，杰克缝纫机理应强化国内"快速服务"的定位。不过，在海外市场建立服务体系意味着更大的服务半径、更低的人均产出，需要更完备的零配件供应链，杰克缝纫机的现有能力不足以支撑战略的全面推进。另一方面，杰克海外经销商向客户推荐品牌时，最有效的说辞是"中国第一品牌"（China No.1）。综合以上因素，里斯中国建议杰克缝纫机以"China No.1"作为短期定位，同时不断强化服务，将服务作为长期定位方向。

核心市场

核心市场的筛选原则应以战略为基础，寻找下一个与原有战略高度匹配的市场。小米选择印度作为中国以外的核心市场，看中的是印度庞大的消费人群以及对廉价手机的巨大需求；中国制造企业出海的第一站通常选择亚非拉国家，同样也是因为国产品类能满足这些市场的主流需求。对于杰克缝纫机所处的国产缝纫机品类，印度、越南、印尼、伊朗等国都是重要市场，考虑到品类容量和潜力，印度成为杰克缝纫机在海外的核心市场。

结束语

短短5年时间里，杰克成长为全球缝纫机品类的绝对领导者，占据全球28%的市场份额。杰克缝纫机的案例成为定位理论在B2B领域实践的典范。

注：里斯中国公司自2013年年初开始为杰克缝纫机提供战略定位咨询服务。

定位经典丛书

 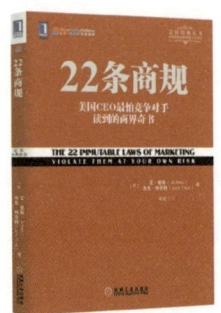

序号	ISBN	书名	作者	定价
1	978-7-111-57797-3	定位（经典重译版）	（美）艾·里斯、杰克·特劳特	59.00
2	978-7-111-57823-9	商战（经典重译版）	（美）艾·里斯、杰克·特劳特	49.00
3	978-7-111-32672-4	简单的力量	（美）杰克·特劳特、史蒂夫·里夫金	38.00
4	978-7-111-32734-9	什么是战略	（美）杰克·特劳特	38.00
5	978-7-111-57995-3	显而易见（经典重译版）	（美）杰克·特劳特	49.00
6	978-7-111-57825-3	重新定位（经典重译版）	（美）杰克·特劳特、史蒂夫·里夫金	49.00
7	978-7-111-34814-6	与众不同（珍藏版）	（美）杰克·特劳特、史蒂夫·里夫金	42.00
8	978-7-111-57824-6	特劳特营销十要	（美）杰克·特劳特	39.00
9	978-7-111-35368-3	大品牌大问题	（美）杰克·特劳特	42.00
10	978-7-111-35558-8	人生定位	（美）艾·里斯、杰克·特劳特	42.00
11	978-7-111-57822-2	营销革命（经典重译版）	（美）艾·里斯、杰克·特劳特	59.00
12	978-7-111-35676-9	2小时品牌素养（第3版）	邓德隆	40.00
13	978-7-111-40455-2	视觉锤	（美）劳拉·里斯	49.00
14	978-7-111-43424-5	品牌22律	（美）艾·里斯、劳拉·里斯	35.00
15	978-7-111-43434-4	董事会里的战争	（美）艾·里斯、劳拉·里斯	35.00
16	978-7-111-43474-0	22条商规	（美）艾·里斯、杰克·特劳特	35.00
17	978-7-111-44657-6	聚焦	（美）艾·里斯	45.00
18	978-7-111-44364-3	品牌的起源	（美）艾·里斯、劳拉·里斯	40.00
19	978-7-111-44189-2	互联网商规11条	（美）艾·里斯、劳拉·里斯	35.00
20	978-7-111-43706-2	广告的没落 公关的崛起	（美）艾·里斯、劳拉·里斯	35.00
21	978-7-111-56830-8	品类战略（十周年实践版）	张云、王刚	45.00

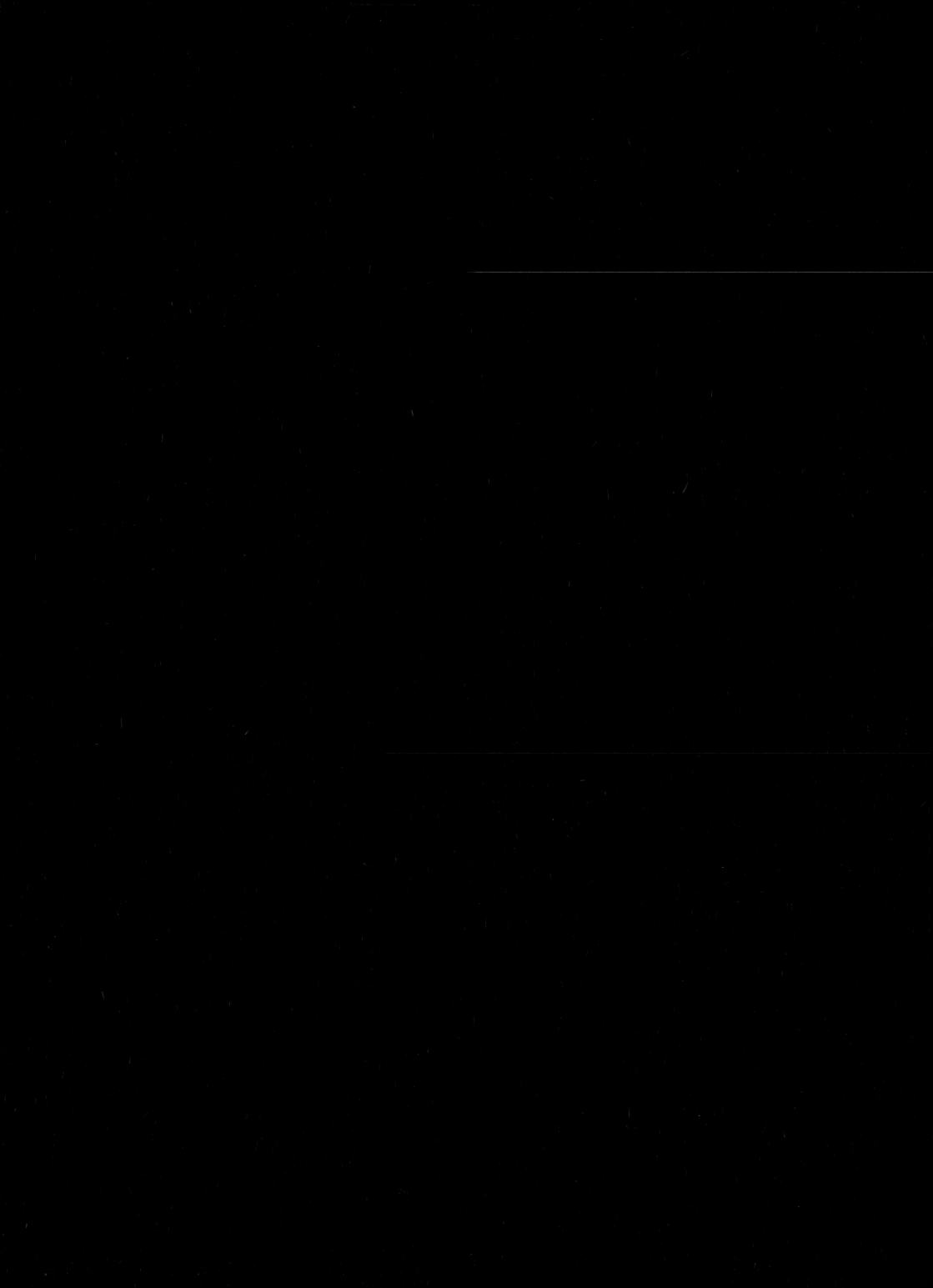